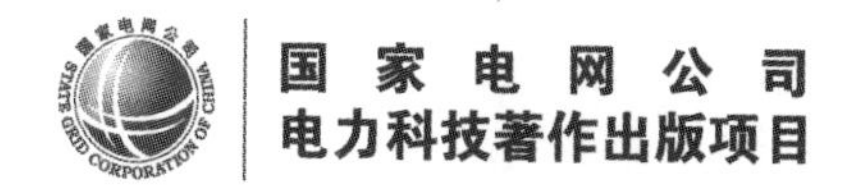

火电行业氮氧化物排污权交易理论与实践

江汇 著

Theory and Practice of Nitrogen Oxides Emissions Trading for the Thermal Power Industry

中国电力出版社
CHINA ELECTRIC POWER PRESS

内 容 提 要

关于排污权交易的理论研究与实践在发达国家相对较多，但在我国总体上还处于起步阶段。本书在充分吸纳国内外排污权交易理论研究成果与实践经验的基础上，结合我国具体国情和火电行业的发展状况，全面深入地研究了火电行业实施氮氧化物排污权交易的相关问题，推导了火电行业氮氧化物治理的最优脱除量计算模型，系统提出了火电行业氮氧化物排污权交易的总量控制与初始分配计算方法，构建了火电行业氮氧化物排污权交易的总体框架和管理信息系统设计思路。

本书可供能源、电力、环保、产业经济等相关领域的研究人员、管理人员及师生参考。

图书在版编目（CIP）数据

火电行业氮氧化物排污权交易理论与实践 / 江汇著. —北京：中国电力出版社，2015.2

ISBN 978-7-5123-7321-1

Ⅰ. ①火…　Ⅱ. ①江…　Ⅲ. ①火电厂–排污交易–研究–中国　Ⅳ. ①X773②X196

中国版本图书馆 CIP 数据核字（2015）第 042984 号

中国电力出版社出版、发行

（北京市东城区北京站西街 19 号　100005　http://www.cepp.sgcc.com.cn）

航远印刷有限公司印刷

各地新华书店经售

*

2015 年 2 月第一版　　2015 年 2 月北京第一次印刷

710 毫米×980 毫米　16 开本　15 印张　174 千字

印数 0001—2000 册　　定价 **42.00** 元

序

党的第十八次全国代表大会要求把生态文明建设放在突出地位，融入经济建设、政治建设、文化建设、社会建设的各个方面和全过程，努力建设美丽中国，实现中华民族永续发展。十八届三中全会进一步指出要加快建立生态文明制度，健全生态环境保护的体制机制，用制度保护生态环境。排污权交易作为一种先进的制度设计，自 20 世纪 70 年代在美国诞生以来，已在发达国家的环境保护工作中得到普遍应用，并取得了良好成效。我国原国家环保（总）局曾于 20 世纪 90 年代和 21 世纪初先后在部分地区和城市开展了二氧化硫等大气污染物排污权交易试点，为我国全面开展排污权交易积累了宝贵的理论与实践经验。

近年来，在党中央、国务院的正确领导下，我国环境保护工作取得了举世瞩目的成就，但部分地区、部分领域的环境保护形势仍然不容乐观，特别是最近两年持续出现的雾霾天气给人们正常的生产、生活带来了严重影响，引起了社会各界的广泛关注。为深入贯彻落实十八大及十八届三中全会精神，加快建设生态文明和美丽中国，还人民以碧水蓝天，在学习借鉴发达国家先进经验并及时总结我国试点经验的基础上，尽快在大气污染物治理等工作中全面实施排污权交易制度是十分必要的。

火电行业的煤炭消耗量占我国煤炭消耗总量的一半左右，是大气污染物的排放“大户”之一，而且这种格局还将延续较长一段时间，因此火电行业是我国大气污染物治理的重点领域。通过坚持不懈的努力，我国火电行业的烟尘、二氧化硫等大气污染物排放已得到有效控制，但氮氧化物的治理工作由于起步较晚，目前排放绩效仍然处于较高水平，后续治理任务还十分繁重。对现役机组进行脱硝设施改造以及新建机组同步安装脱硝设施是最直接并且有效的手段，如果与此同时引入排污权交易这样一种先进的制度设计，不仅能够激发火电企业进行氮氧化物治理的积极性和主动性，而且还有利于促进社会治理成本的最小化。

该书选题紧扣当前社会热点问题，顺应大气污染物治理的现实需要，内容涵盖了火电行业氮氧化物治理及排污权交易的主要方面。全书内容大体可以分为三个方面：一是全面介绍了国内外关于排污权交易的理论研究与实践进展情况；二是对我国火电行业实施氮氧化物排污权交易的必要性及经济性进行了分析，运用经济学理论构建了我国氮氧化物治理的成本、收益分析模型，并推导了火电企业基于当前政策的氮氧化物最优脱除量计算模型；三是对火电行业氮氧化物排污权交易的重要环节逐一进行了研究，构建了总量控制、初始分配等环节的相关计算模型，综合提出了我国火电行业氮氧化物排污权交易的总体框架和管理信息系统建设的总体思路。最后，作者还实事求是地指出了本书的不足，并对未来的进一步研究指明了方向。

该书作者是环境经济与环境管理专业的博士，有着多年在电力行业管理部门和企业从事电力规划发展工作的实践经验。书中凝聚了作者多年的理论积累与实践总结，引用了大量第一手的案例资料，数据翔实。全书逻辑清晰，结构严谨，层次分明，理论联系实际。尽管书中的个别观点尚值得进一步商榷，部分结论需要在实践中进一步检验，但总体来看，作者构建的有关火电行业氮氧化物治理的经济性分析及排污权交易的相关模型是科学合理的，提出的火电行业氮氧化物排污权交易的总体框架和管理信息系统建设思路基本符合我国实际情况，具有较强的理论指导意义和现实可操作性。相信该书的出版发行能够为促进我国火电行业氮氧化物治理起到积极作用。

是为序。

中国华电集团公司董事、总经理、党组成员 程念高

前 言

对于现代社会而言，发电行业既是终端能源的重要生产者，也是一次能源的主要消费者，在将一次能源转化为电能（或热能等）的过程中不可避免地会向周围环境排放一定数量的污染物，如果不能采取妥善的治理措施，将给生态环境带来负面影响。我国当前正处于全面建成小康社会的关键时期，新型工业化、信息化、城镇化、农业现代化的步伐不断加快，国民经济发展对电力需求的拉动作用十分强劲，但由于受到一次能源资源禀赋的影响，当前及今后很长一段时间我国以火电特别是煤电为主体的发电行业格局将难以改变，电力增长将给节能减排带来压力。与此同时，我国环境保护形势总体上不容乐观，特别是部分经济发达地区的生态环境非常脆弱，环保容量空间十分有限，经济发展水平与环保容量空间的逆向分布特点十分明显。由此，经济发展与环境保护之间的矛盾要求我们必须采取一些新的方法和手段来尽量减少电力生产过程中的污染物排放。

火力发电技术以及节能减排技术的不断发展，对于降低污染物排放水平的促进作用是十分明显的。但一定时期内在既定的技术条件下，综合运用经济、法律，甚至辅之以必要的行政手段来促进节能减排将起到事半功倍的效果，其中排污权交易（emissions trading，又称排放权交易）是最为有效的经济手段之一。排污权交易于 20 世纪 70 年代起源于美国，此后逐步扩展到欧洲、日本等发达国家和地区。我国于 20 世纪 90 年代引入排污权交易，原国家环保局于 1990—1994 年在全国 16 个重点城市进行了“大气污染物排放许可证制度”试点并在 6 个重点城市进行了大气排污权交易试点，此后陆续在一些地区开展了化学需氧量（COD）、二氧化硫（SO_2）等污染物排污权交易的试点和推广工作，对于促进我国水污染治理、二氧化硫等大气污染物治理起到了积极作用，并在排污权交易方面积累了一定的理论与实践经验。

氮氧化物（nitrogen oxide，NO_x）作为火电行业的主要污染物之一，其排放绩效目前仍然处于较高水平，对其进行有效治理已经迫在眉睫。本书通过对国内外理论文献和实践情况的梳理与总结，发现美国、欧洲、日本等发达国家和地区关于氮氧化物排污权交易的研究与实践相对较多，并在氮氧化物治理方面发挥了重要作用。我国火电行业氮氧化物治理起步相对较晚，主要是通过各级环保部门以行政命令的方式强制要求现役机组进行脱硝改造和新建机组同步建设脱硝设施以达到氮氧化物减排的目的，氮氧化物排污权交易的理论与实践几乎处于空白。本书在深入分析我国火电行业及其氮氧化物排放现状的基础上，充分吸取国内外已有理论研究成果与实践经验，基于对火电企业氮氧化物治理成本与收益分析，对开展火电行业氮氧化物排污权交易的总量控制、初始分配、市场交易及政府规制等方面进行了较为深入的研究。

本书采取定性与定量分析相结合、理论与实证分析相统一的分析方法，深入分析了我国火电行业实施氮氧化物排污权交易的必要性和经济性，推导了火电企业氮氧化物治理的最优脱除量计算模型，系统提出了火电行业氮氧化物排污权交易的总量控制与初始分配计算模型，构建了与我国基本国情和经济发展阶段相适应的火电行业氮氧化物排污权交易的总体框架及管理信息系统设计思路，力求为促进火电行业氮氧化物治理、建设美丽中国贡献绵薄之力。

限于作者水平，书中难免存在疏漏或不足之处，敬请广大专家、学者和读者朋友批评指正。

目录

绪　论

（一）背景

自改革开放以来，我国国民经济已经连续保持了 30 多年的快速增长，国内生产总值（GDP）从 1978 年的 3645 亿元增长到 2013 年的 568 845 亿元，增长了 155 倍，跃居世界第二大经济体，综合国力得到显著提升，人民生活水平有了明显改善。然而，一方面，由于很长一段时间内我国采用的是传统的粗放型经济增长模式，在经济快速增长的同时，消耗了大量的自然资源和一次能源，单位国内生产总值的能源消耗水平是世界平均水平的 2 倍以上；另一方面，受技术水平及认识水平的限制，长期以来人们对环境保护的重视程度不够，导致部分地区的自然生态系统遭到严重破坏，大气、土壤、水等环境污染十分严重，外部性成本不断加大，不仅极大地危害了人民群众的身体健康和幸福生活，而且对我国经济、社会实现可持续发展的瓶颈制约与日俱增。

可持续发展的本质特征，一是强调人类在追求生存与发展权利时保持与自然关系的和谐，二是强调当代人在创造与追求今世发展和消费之时使自己的机会与后代人的机会平等，也就是要走一条人口、经济、社会、环境与资源相互协调的，既能满足当代人需要，又不对后代人的生存与发展构成危害的发展道路。可持续发展的理念自 20 世纪 70 年代提出以来，得到了世界各国的普遍认同。中国共产党第十六次全国代表大会召开后，以胡锦涛为总书记的党中央结合我国具体国情提出了科学发展观，强调科学发展观的基本要求是全面协调可持续。胡锦涛总书记在中国共产党第十八次全国代表大会上的报告中进一步明确指出：“必须更加自觉地把全面协调可持续作为深入贯彻落实科学发展观的基本要求，全面落实经济建设、政治建设、文化建设、社会建设、生态文明建设五位一体总体布局，促进现代化建设各方面相协调，促进生产关系与生产力、上层建筑与经济基础相协调，不断开拓生产发展、生活富裕、生态良好的文明发展道路。”“加快建立生态文明制度，健全国土空间开发、资源节约、生态环境保护的体制机制，推动形成人与自然和谐发展现代化建设新格局。”“面对资源约束趋紧、环境污染严重、生态系统退化的严峻形势，必须树立尊重自然、顺应自然、保护自然的生态文明理念，把生态文明建设放在突出地位，融入经济建设、政治建设、文化建设、社会建设各方面和全过程，努力建设美丽中国，实现中华民族永续发展。”“坚持节约资源和保护环境的基本国策，坚持节约优先、保护优先、自然恢复为主的方针，着力推进绿色发展、循环发展、低碳发展，形成节约资源和保护环境的空间格局、产业结构、生产方式、生活方式，从源头上扭转生态环境恶化趋势，为人民创造良好生产生活环境，为全球生态安全作出贡献。”上述要求对于我国进一步转变经济发展方式，促进节能减排，加强环境保护，实现经济和社会可持续发展指明了方向。

对于现代社会而言，火电行业既是终端能源的重要生产者，也是一次能源的主要消费者，在将一次能源转化为电能（或热能等）的过程中不可避免地会向周围环境排放一定数量的污染物，如果不能采取妥善的治理措施，将给生态环境带来负面影响。2000 年以来，为了在满足国民经济快速发展对电力需求的同时尽量减少化石能源的消耗，我国以前所未有的速度加快了可再生能源发展。截至 2013 年底，我国发电装机容量达到了 125 768 万 kW，比 2000 年增长了 2.94 倍，超越美国成为世界第一电力大国。其中，火电[1] 87 009 万 kW、水电 28 044 万 kW、核电 1466 万 kW、风电 7652 万 kW、太阳能发电 1589 万 kW，火电、水电、核电分别比 2000 年增长了 2.66、2.53、5.98 倍；风电和太阳能发电从零起步，水电和风电等可再生能源装机容量均位居世界第一。2013 年全国火电装机容量占总装机容量的 69.18%，比 2000 年降低了 5.21 个百分点，而且最近两年有加速下降的趋势，但受我国一次能源禀赋的影响，火电在未来较长时期占我国发电行业主导地位的格局难以改变。2013 年火电行业 6000kW 及以上电厂发电和供热共消费煤炭 20.5 亿 t，占全国煤炭消费量的 56.79%，是国民经济各行业中煤炭消耗量最大的行业，也是节能减排和污染治理的重点行业。

火电行业的节能减排和污染治理工作一直受到政府部门的高度重视和社会各界的广泛关注。长期以来，我国火电行业节能减排和污染治理的工作重点主要是针对烟尘和二氧化硫（SO_2）等污染物，对在役火电机组实施除尘和脱硫设施升级改造，对新建、扩建和改建的火电机组强制要求同步建设高效率的除尘、脱硫等环保设施，同时采取积极参加联合国清洁发展机制（clean development mechanism，CDM）等国际合作以及实施排污权交易试点等经济措施，对于减少这些污染物排放量取得了显著成效。2012 年，我国火电行业烟尘和二氧化硫排放量分别为 144 万 t 和 706 万 t，分别比 2005 年下降了 62%和 36%；排放绩效[2]分别为 0.37g/（kW • h）和 1.8g/（kW • h），分别比 2005 年下降了 1.49g/（kW • h）和 3.64g/（kW • h）。

---

[1] 火电包含燃煤发电、天然气发电、秸秆等生物质发电。

[2] 污染物排放绩效是指单位发电量所排放的污染物数量，比如二氧化碳排放绩效、二氧化硫排放绩效、氮氧化物排放绩效等，单位为 g/（kW • h）。

我国火电行业氮氧化物治理工作起步相对较晚，尽管2012年以来排放绩效上升的势头已得到了有效遏制，但距离“十二五”规划目标仍有较大差距。2012年火电行业氮氧化物排放总量为982万t，排放绩效为2.5g/（kW·h），分别比规划目标[1]高出31%和1g/（kW·h）。1996年颁布的《火电厂大气污染物排放标准》（GB 13223—1996）首次对氮氧化物的排放浓度限值作出了规定，2000年9月1日开始施行的《中华人民共和国大气污染防治法》要求企业应当对燃料燃烧过程中产生的氮氧化物采取控制措施。2011年新修订的《火电厂大气污染物排放标准》（GB 13223—2011）将我国火电行业的氮氧化物排放标准提高数倍，达到甚至超过了美国、欧洲等发达国家和地区的标准。国家《节能减排“十二五”规划》中首次明确提出了2015年电力行业氮氧化物的排放总量控制目标和削减量目标，并明确要求新建燃煤机组全面实施脱硝，同时加快现役燃煤机组低氮燃烧技术改造和烟气脱硝设施建设，对单机容量30万kW及以上的燃煤机组、东部地区和其他省会城市单机容量20万kW及以上的燃煤机组均要实行脱硝改造。2013年9月10日国务院发布《大气污染防治行动计划》，明确要求除循环流化床锅炉以外的燃煤机组均应安装脱硝设施。2007年湖南华电长沙电厂2×60万kW超临界燃煤机组等我国首批同步建设脱硝设施的火电机组建成投产，标志着我国火电行业氮氧化物治理工作进入了实质性的实施阶段。截至2013年底，我国已安装脱硝设施的火电机组达到4.3亿kW，占全部火电机组的比例为49.42%，仅2013年当年即新增脱硝火电机组约2亿kW，火电行

[1] 2012年8月6日，《国务院关于印发节能减排“十二五”规划的通知》（国发〔2012〕40号）明确提出，到2015年全国火电行业氮氧化物排放量目标值为750万t/年。2013年1月1日，《国务院关于印发能源发展“十二五”规划的通知》（国发〔2013〕2号）明确提出，到2015年全国火电行业氮氧化物排放绩效目标值为1.5g/（kW·h），且作为约束性指标。

业氮氧化物治理速度明显加快。

同步建设或升级改造脱硝设施无疑是降低火电行业氮氧化物排放量的有效手段，但通过行政手段强制实施不利于调动发电企业的积极性，无法实现社会成本最小化。从国外的理论研究与实践经验以及我国开展二氧化硫等污染物排污权交易试点情况来看，在我国火电行业实施氮氧化物排污权交易制度将有助于提高火电行业氮氧化物的治理效率，节省社会成本。通过对国内外理论文献和实践情况的梳理与总结，发现美国、欧洲、日本等发达国家和地区关于氮氧化物排污权交易的理论研究与实践相对较多，而我国关于氮氧化物排污权交易的理论研究与实践几乎处于空白。氮氧化物排污权交易尽管具有污染物排污权交易的一般属性，关于污染物排污权交易的基础理论与实践经验可以适用于氮氧化物的排污权交易，但由于氮氧化物与其他污染物在产生机理、治理技术、总量控制目标等多方面均存在差异，因此在充分吸取国内外已有理论研究成果与实践经验的基础上，结合我国具体国情和火电行业发展状况，对我国火电行业氮氧化物排污权交易的相关理论问题进行深入研究，提出具有可操作性的政策建议，对于促进我国火电行业氮氧化物治理、建设美丽中国具有十分重要的现实意义。

（二）目的与意义

第一，构建我国火电行业氮氧化物排污权交易的总体框架及管理信息系统设计思路。目前我国火电行业氮氧化物治理主要是通过各级环保部门以行政命令的方式强制推进，氮氧化物排污权交易等经济手段的运用尚未引起大家的充分重视，相应的理论研究并不多见。国际上关于氮氧化物排污权交易的理论研究与实践相对较多，其中一些与经济学、生态学等基础理论相关的研究成果适用于我国，但涉及排污权交易的总量控制、初始分配、交易市场及政府规制等具体的制度设计对我国并不完全适用，至少是不能采用“拿来主义”式地照抄照搬，否则将事与愿违，起到相反的作用。因此，本书拟在充分学习、借鉴国外理论研究与实践成果的基础上，结合我国的具体国情和火电行业的实际情况，以分析我国火电行业实施氮氧化物排污权交易的必要性和经济性为切入点，对氮氧化物排污权交易的总量控制、初始分配、交易市场及政府规制等各个环节逐一进行研究，最后综合提出我国火电行业氮氧化物排污权交易的总体框架及管理信息系统设计思路。

第二，实现我国火电行业氮氧化物治理的社会成本最小化。在市场经济条件下，每一家火电企业作为“经济人”，追求利益最大化是其本质属性。在实施氮氧化物排污权交易的制度体系下，氮氧化物排污权的交易价格将围绕社会平均边际治理成本上下波动。如果某家火电企业的氮氧化物实际排放量超过了其被允许的最大排放量（即初始分配量）且其自身的边际治理成本高于社会平均边际治理成本，那么这家企业在利益驱动下将作出购买排污权的安排，从而取代其自身投资建设或改造升级脱硝设施的行为选择，以节省综合成本。同理，如果某家火电企业的氮氧化物边际治理成本低于社会平均边际治理成本，也就是说其花在氮氧化物治理方面的投资低于其出售排污权的收益，那么这家企业必然会选择增加氮氧化物治理的投入，尽可能减少其自身的排放量，将低于初始分配量的部分在氮氧化物排污权交易市场上出售，获得相应的利润。因此，在火电行业实施氮氧化物排污权交易，无论边际治理成本高还是低的企业都能够获得利益，且以较低的社会总成本实现氮氧化物治理目标，促进氮氧化物治理的社会成本最小化。

第三，促进我国火电行业氮氧化物治理的技术进步和产业升级。充足的资金投入将促进技术进步，技术进步又将提高氮氧化物的治理效率，同时降低投入成本，从而带动整个氮氧化物治理的产业升级，形成一个良性循环。实施火电行业氮氧化物排污权交易的实质是为了发挥市场在资源配置中的决定性作用，运用经济手段引导有限的资源向效率高的地方聚集。原本边际治理成本就低的火电企业为了最大限度地提高其减排幅度，并进一步降低其治理成本，以便以更大的差价和更多的数量向市场出售氮氧化物排污权，一定愿意加大氮氧化物治理技术的研发投入，从而促进技术水平不断提高。原本边际治理成本高的火电企业同样有动力去想方设法提高自身的治理技术水平，因为在氮氧化物初始分配数量既定的情况下，减少实际排放量意味着可以少买或不买排污权，以达到节约成本的目的。因此，在火电行业实施氮氧化物排污权交易对于促进该行业氮氧化物治理的整体技术水平进步和产业升级是大有裨益的。

（三）主要内容

第一，国内外排污权交易概述。本书首先简要介绍了与排污权交易相关的经济学基础理论，主要包括微观经济学的厂商理论、公共物品理论、外部性理论、产权理论等；然后全面梳理了国内外排污权交易的理论研究与实践情况，总结了对我国火电行业开展氮氧化物排污权交易的启示。

第二，火电行业现状及实施氮氧化物排污权交易的必要性。本书首先简要回顾了我国火电行业的发展历程，并从管理体制、技术结构和经济指标三个方面对火电行业现状进行了分析；然后全面分析了火电行业污染物的排放情况，最后着重交代了火电行业氮氧化物的主要治理技术。通过对其发展历程、排放现状和治理技术的分析，不仅深入揭示了火电行业实施氮氧化物排污权交易的必要性，而且也为后文的相关研究内容奠定了基础。

第三，火电行业实施氮氧化物排污权交易的经济性。鉴于火电行业氮氧化物排污权交易的数量与价格主要是由边际治理成本和收益决定的，本书以微观经济学的厂商理论为基础，结合我国火电行业氮氧化物治理的实际情况，深入分析了氮氧化物治理成本与收益，推导出了氮氧化物最优脱除量的计算模型，同时对我国现行脱硝电价的合理性进行了分析，并提出了改进建议，最后选取三家典型电厂进行了实证分析。

第四，火电行业氮氧化物排污权交易的主要环节、总体框架及管理信息系统设计思路。本书逐一研究了我国火电行业氮氧化物排污权交易的总量控制、初始分配、交易市场及政府规制等主要环节，分别构建了全国总量控制目标、区域总量控制目标及初始分配的计算模型，并同步进行了实证分析，重点从市场构成、市场机制、政府规制等方面对排污权交易的市场与规制问题进行了研究，综合提出了我国火电行业氮氧化物排污权交易的总体框架及管理信息系统设计思路。

1 国内外排污权交易概述

1.1 排污权交易经济学基础

排污权交易的本质属性是将市场机制引入污染物治理中，发挥市场对资源配置的决定性作用。排污权交易之所以受到世界各国的高度重视并在实践中取得了显著成效，其中一个很重要的方面是因为其有着深厚的经济学理论基础做支撑，包括厂商理论、公共物品理论、外部性理论、产权理论等。

1.1.1 厂商理论

按照微观经济学中新古典学派的观点，厂商都是追求利润最大化目标的，其根据“边际成本等于边际收益”的基本原则决定生产什么、生产多少和如何生产的问题。利润是由总成本和总收益决定的，因此可以从成本和收益两个角度来研究利润最大化目标下的厂商行为。

经济学的一个基本假设即资源是稀缺的，因此企业使用资源必须为之付出相应的代价，这就是所谓的成本。通常来讲，成本包括总成本、平均成本、边际成本等，另外还进一步引申出了机会成本、沉没成本等概念，本书重点研究前面三个基本概念。另外，从时间的角度可以将成本分为短期成本和长期成本。短期是指时间相对较短，在该时间段内企业可以通过增减可变要素（如原材料和劳动力等），但不能改变固定要素（如设备、厂房等）来调整生产量，在该时间段内投入的所有成本即为短期成本，因此短期成本又包括固定成本和变动成本。长期是指一个足够长的时间段，企业可以通过增减所有的投入量从而调整生产量，在该时间段内投入的所有成本即为长期成本，长期成本均是可变的。本书如无特别说明，总成本、平均成本、边际成本均是指短期成本。

（一）总成本

总成本（total cost，TC）是指企业为生产一定量的产品而投入的全部成本，等于总固定成本（total fixed cost，TFC）和总变动成本（total variable cost，TVC）之和。一般情况下，总成本会随着产量的增加而增加，如图 1–1 所示的 TC。

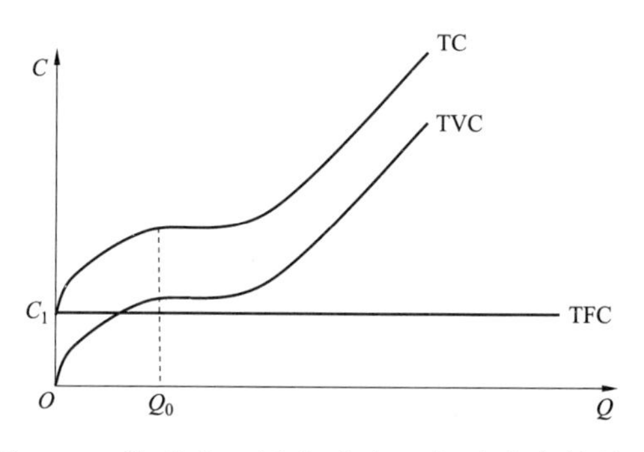

图 1–1　总成本、固定成本、变动成本的关系

总固定成本是指企业在短期内不能增减投入量的生产要素的价值，一般来说主要包括土地、厂房、设备等投入以及长期工作人员的工资等。由于固定生产要素的投入量不能随着产品产量而改变，即使停止生产，固定成本一样会发生。因此，在坐标轴上总固定成本是一条在纵轴上有一定截距且平行于横轴的直线，如图 1–1 所示的 TFC。

总变动成本是指企业在短期内投入的随时可以增减数量的生产要素的价值，一般来说主要包括原材料费用、燃料费用、水费、电费等以及短期雇用的工人工资。一般情况下，总变动成本会随着产量的增加而增加，如图 1–1 所示的 TVC。在产量达到一定规模（Q_0）之前，由于各方面生产要素的潜力得到了有效发挥，总变动成本以较慢的速度上升；在产量达到一定规模（Q_0）之后，超过了规模经济水平，总变动成本将以越来越快的速度上升。

（二）平均成本

平均成本（average cost，AC）是指企业生产一单位的产品产量所消耗的成本，等于平均固定成本（average fixed cost，AFC）和平均变动成本（average variable cost，AVC）之和，也等于总成本除以总产品产量。一般情况下，平均成本呈先下降后上升的趋势，如图 1–2 所示的 AC，在产量达到 Q_1 之前平均成本随产量增加而下降，在达到 Q_1 之后平均成本随产量增加而上升。

平均固定成本是指企业生产一单位的产品产量所消耗的固定成本，等于总固定成本除以总产品产量。由于总固定成本是保持不变的，因此平均固定成本会随着产品产量的增加而下降，如图 1–2 所示的 AFC。

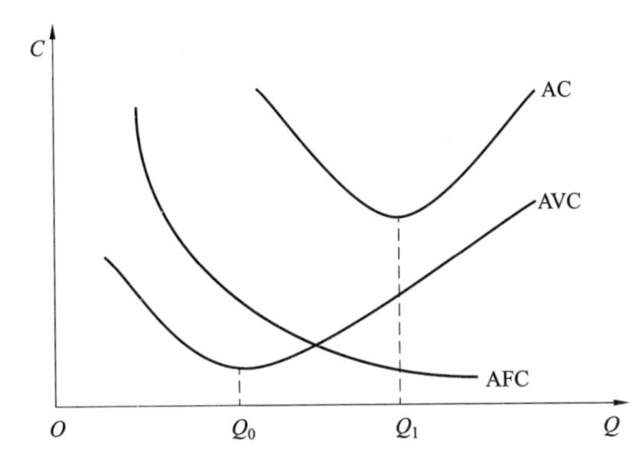

图 1–2　平均成本、平均固定成本、平均变动成本的关系

平均变动成本是指企业生产一单位的产品产量所消耗的变动成本，等于总变动成本除以总产品产量。一般情况下，平均变动成本先呈下降的趋势，达到一定的产量（Q_0）后转向上升的趋势，如图 1–2 所示的 AVC。这主要是因为在产量达到 Q_0 之前，总变动成本以低于产量的速

率上升，导致平均变动成本随产量增加而下降；产量达到 Q_0 之后，总变动成本将以高于产量的速率上升，导致平均变动成本随产量增加而上升。当产量在 Q_0 和 Q_1 之间时，平均变动成本已经开始上升，但由于平均固定成本的下降幅度更大，因此平均成本仍然呈下降趋势，在 Q_1 处达到最小；当产量超过 Q_1 之后，平均变动成本的上升幅度超过平均固定成本的下降幅度，引起平均成本开始上升。

（三）边际成本

边际成本（marginal cost，MC）是指企业每增加一单位产品产量而增加的成本，等于总成本的增加量（ΔTC）除以产量的增加量（ΔQ），其计算式为

$$\mathrm{MC}=\frac{\Delta \mathrm{TC}}{\Delta Q} \tag{1-1}$$

因为 $\Delta\mathrm{TC}=\Delta\mathrm{TFC}+\Delta\mathrm{TVC}$ 且 $\Delta\mathrm{TFC}=0$

所以

$$\mathrm{MC}=\frac{\Delta \mathrm{TVC}}{\Delta Q} \tag{1-2}$$

因此，当 ΔQ 趋近于 0 时，边际成本实际上等于总变动成本对产量的导数，即 $\mathrm{MC}=\dfrac{\mathrm{d(TVC)}}{\mathrm{d}(Q)}$。

总变动成本（TVC）、平均成本（AC）、边际成本（MC）三者之间的关系如图 1-3 所示。当产量为 Q_a 时，总变动成本曲线的斜率由小变大，由降转升，此时边际成本达到最低，平均成本仍然呈下降趋势。当产量达到 Q_b 时，边际成本与平均成本相等且平均成本达到最低。

（四）边际收益

边际收益（marginal revenue，MR）是指企业每增加一单位产品产

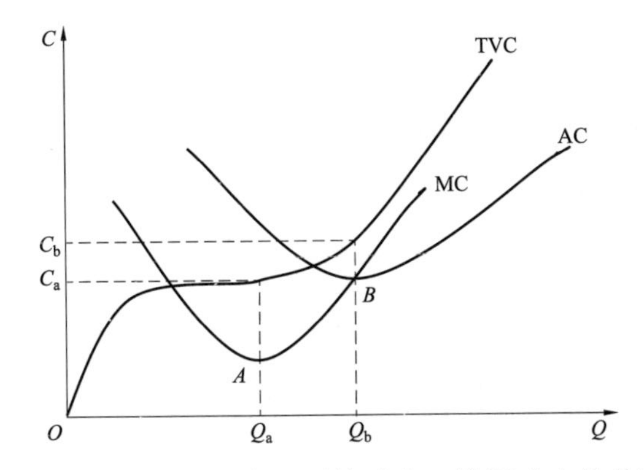

图 1-3　总变动成本、平均成本、边际成本的关系

量而增加的收益，等于总收益的增加量（ΔTR）除以产量的增加量（ΔQ），其计算式为

$$\mathrm{MR}=\frac{\Delta \mathrm{TR}}{\Delta Q} \tag{1-3}$$

按照微观经济学中新古典学派的厂商理论，企业实现利润最大化的基本原则是$\mathrm{MR}=\mathrm{MC}$且$\mathrm{TR}>\mathrm{TC}$。

在排污权交易制度体系中，任何一家理性的火电企业都会主动将自身的氮氧化物脱除量控制在利润最大化的水平，实际排放水平与初始分配数量之间的差额将通过市场交易解决。

1.1.2　公共物品理论

公共物品（public goods）是指那种不论个人是否愿意购买都能享受并获益的物品。公共物品有两个典型特征：一是非排他性，即一个人使用公共物品时不会排除其他人同时使用该物品；另一个是非竞争性，即一个人使用公共物品不会导致其他人可以使用的数量减少。最为典型的公共物品有国防、公共安全、城市基础公用设施等，因为国防和公共安全带来的社会安定能平等地给全社会所有的人带来好处；同样，城市路灯照亮了黑暗的马路，所有在马路上行走的人均可以同等地分享光明，而不需要额外付费，也不排除其他人享用。

与公共物品相对应的概念叫私人物品（private coods）。私人物品是指那些可以分割并由每个人各自占有的物品，个人对该物品享有产权，其他人使用该物品必须支付相应的成本。私人物品同时具有竞争性和排他性，竞争性使得私人物品不能被两个或两个以上的人同时占有或使用，排他性使其从技术上或代价上很容易将其他人排除出去。典型的私人物品有衣服、食品等。

对于自然环境资源来说，当人们对自然资源的开采量或污染物的排放量低于环境容量[1]时，也就是说使用自然环境资源的边际成本较低甚至为零的情况下，人们在利益最大化的驱动下会毫无节制地开采自然资源同时向自然环境排放污染物，这种“搭便车”的行为如果大量且长时间存在，就会发生个人理性引致集体非理性的现象，从而造成自然资源被过度开发以及生态环境被肆意污染的“公地悲剧”，不仅损害当代人的利益，而且损害了后代人持续从中获益的可能性。

实施排污权交易，就是通过对污染物排放量进行总量控制，将其变成稀缺资源，然后对产权（排污权）进行界定，从而将其由公共物品变成可以定价并交易的私人物品，以达到限制污染物排放数量的目的。

1.1.3 外部性理论

按照美国著名经济学家萨缪尔森和诺德豪斯的定义，外部性（externalities）指的是企业或个人向市场之外的其他人所强加的成本或利益。外部性分为正外部性和负外部性。正外部性又称外部经济效应，是指个人或企业的生产或消费行为同时给别人（企业）的生产或消费带来了好处而无法收取费用的现象。比如发电企业在偏远的 A 村庄建设

[1] 环境容量是在指定的区域内，根据其自然净化能力，在特定的污染源布局和结构条件下，为实现环境目标值所允许的污染物排放量。

火力发电厂的过程中，为电厂建设和生产运行的需要修建了一条通向城镇的公路。公路建成后，不仅满足了电厂的需要，同时也给 A 村庄的村民往返城镇提供了方便，但村民并不用向投资修建该条公路的发电企业付费，发电企业的这一行为便具有正外部性或外部经济效应。负外部性又称外部不经济效应，是指个人或企业的生产或消费行为对别人的利益造成了损失而不用付费的现象。比如火力发电厂在生产过程中不可避免地会向周边环境排放一定数量的污染物，造成一定程度的大气污染，对村民的生产、生活产生影响，在政府不实行排污收费或征收相关税收，电厂也不直接给村民补偿的情况下，电厂的生产行为就具有负外部性或外部不经济效应。

外部性理论是排污权交易制度最为重要的经济学基础理论之一。英国著名经济学家庇古于 1920 年在《福利经济学》（Economics of Welfare）中提出了环境污染的外部性问题。环境污染的外部性主要是负外部性。李寿德、柯大钢指出环境污染的外部性主要有四个方面的特征：第一，非市场性。环境外部性的影响不是通过市场发挥作用的，它不属于买者和卖者的关系范畴，市场机制无力对产生环境外部性的厂商给予奖励或惩罚。第二，决策的伴生性。由于个人决策的基础是生产的私人成本和私人利润动机，即厂商决策动机不是为了产生环境污染的外部性，外部性是生产过程的伴随物。第三，关联性。环境污染的外部性与受损者之间具有某种关联，它必须有某种负的福利意义。第四，强制性。环境污染的外部性加在承受者身上，具有某种强制性，这种强制性不能通过市场机制来解决。

庇古最先提出了通过征收“庇古税”的方法来解决环境负外部性的问题。美国著名经济学家斯蒂格利茨在总结前人研究成果的基础上提出了解决外部性问题的四种主要方法：重新分配产权、视消极的外部性为非法的管理、鼓励符合社会需要的行为的税收和津贴措施、可交易许可证。实施排污权交易制度就是综合运用了重新分配产权、政府规制、出售或分配许可证等手段，将污染物排放的外部成本内部化，实现“谁污染谁付费”，以达到限制和减少污染物排放量的目的。

1.1.4 产权理论

美国著名经济学家科斯被公认为是现代产权理论的奠基人，他在1960年发表的《社会成本问题》（The Problem of Social Cost）一文中提出了与庇古不同的解决外部性问题的思路，即通过产权界定的方法解决外部性问题，他认为清晰的产权界定是市场达成交易的前提条件。科斯第一定理指出：如果交易费用为零，无论初始产权如何界定，都可以通过市场交易达到资源的最佳配置，实现产值最大化。但科斯很快就意识到了在实际经济活动中不可能存在交易费用为零的情形，因此提出了科斯第二定理：当交易费用大于零时，不同的产权界定会导致不同的资源配置效率。科斯定理的重要意义在于：第一，科斯定理强调了产权的重要性。通过清晰的产权界定可以将公共物品转化成为私人物品，从而为市场交易创造必要的条件，进而可以充分发挥市场对资源配置的决定性作用。第二，科斯定理揭示了交易费用在资源配置中的重要作用。交易费用在经济活动中是无处不在的，但交易费用的高低对交易行为具有重要影响，交易费用过高可能阻碍交易行为的发生，因此在利用产权制度提高经济效率的过程中应尽可能地降低交易费用。第三，科斯定理为解决外部性问题提供了新思路。庇古提出通过“庇古税”的方法解决外部性问题，应该说还属于政府规制的传统手段，科斯定理通过产权界定达到市场对资源配置的决定性作用，对提高资源使用效率是大有裨益的。同时，科斯也并不否定其他的资源配置方式，他认为应该通过“社会总产品”的比较来确定最优方案，即同时考虑制度变迁带来的效益以及制度变迁成本与运行成本。

产权理论对于排污权交易是有重要意义的。排污权交易最重要的总量控制和初始分配环节就是为了对污染物排放数量进行清晰的产权界定，只有有了明确的产权边界，排污权才能像一般商品一样在市场上进行交易，借助于市场提高资源配置的效率。当一个企业通过治理将其污染物的排放量降至低于政府初始分配的数量时，它就可以将多出的排污权卖给那些治理成本较高的企业，这样排污权就成为企业可以获利的一种资源，从而引导资金和技术向治理效率高的企业聚集，进而又激励这些企业进一步加大技术研发投入，促进技术进步。另外，产权理论还揭示了交易费用在资源配置中的重要作用，因此在进行排污权交易的制度设计时，应该尽可能降低交易费用，否则可能会进一步影响市场交易的积极性，降低污染物治理和排污权交易的效率。

Stavins 认为，由于交易费用的存在，污染物的边际治理成本与排污权交易的市场价格不会直接相等，这样就有可能形成一个新的成本效率均衡点，因此排污权的初始分配是决定治理效率的重要因素。在边际交易费用增加时，排污权的初始分配会影响企业的治理责任，导致总治理成本偏离有效均衡时的成本，引起社会福利下降；当边际交易费用减少时，初始分配的偏离导致交易结果更接近有效均衡时的结果。Cason 等人进一步验证了 Stavins 的观点，认为：交易费用提高了排污权的交易价格，当边际交易费用减少时，排污权交易价格下降，交易量会随之增加；当边际交易费用不变时，排污权的初始分配不影响交易价格、交易量和市场效率。

1.2　国外排污权交易概况

1.2.1　理论研究

正如前文所述，排污权交易是以经济学的相关理论为基础产生的。美国经济学家 Dales 于 1968 年首次提出了排污权的概念，在《污染、财富和价格》（Pollution，Property and Prices）一书中从理论上对排污权的交易问题进行了详细阐述。随后 Montgomery 于 1972 年从理论上证明了基于市场的排污权交易明显优于传统的指令控制系统，因为排污权交易系统可以根据治理成本的变动来控制污染治理总量，从而使总的协调成本降至最低。然而 Hahn 等人通过深入研究，于 1989 年提出尽管有大量的排污权交易发生，但由于大部分都是内部交易，即使实现了成本节约，但并没有达到期望的程度。1991 年，Tietenberg、Atkinson 等人认为，造成这一现象的主要原因有：管制者不愿意建立活跃的排污权交易市场，交易的厂商数目较少而导致市场不完善，繁杂的程序和管理制度增加了交易费用和不确定性。

进入 21 世纪以来，随着人们对环境问题的重视程度不断增加，排污权交易理论的研究越来越深入和广泛。2001 年，Fullerton 等人对初始分配的方式问题进行了研究，认为如果用拍卖所得来削减税收扭曲，则拍卖方式的有效性要大于其他分配方式。2002 年，Muller 等人研究了排污权拍卖交易市场，在实验数据中找到了市场势力的证明。2002 年，Lutter 等人对排污权的跨国交易进行了研究，认为设置排污权交易进口关税是有益的。2004 年，Axel 研究了排污权交易的政策问题，认为将排污权交易政策与其他相关政策有机整合将有助于提高效率。2006 年，Kemfert 等人分析了排污权交易对欧洲各国的环境与经济影响，发现尽管不同国家获利程度不一，但总体上各国国内生产总值均因此有所增长。2009年，Pablo等人以西班牙为例，研究了排污权交易与其他环境和能源政策之间的影响问题，认为这些政策之间既存在相互冲突又存在潜在协同效应。2012年，Emanuele等人研究了在全球气候变化政策中亚洲的角色问题，提出应该建立若干个区域性的排污权交易市场。2013年，Larelle等人以澳大利亚计划于2015年开始执行的国家排污权交易为例，研究了运用资本市场估价模型对排污权交易进行定价的方法，估算澳大利亚碳排污权交易的定价区间为17～26澳元/t。

上述是关于排污权交易的一般理论研究。通过文献检索，笔者发现针对二氧化碳、二氧化硫等污染物排污权交易的研究文献比较多，专门针对氮氧化物排污权交易的研究文献相对较少，且基本都发表于2000年以后。2001年，Chris等人从经济、法律和文化等多个方面研究了欧盟的氮氧化物排污权交易，并对其前景进行了展望。2004年，Winston等人通过研究美国和欧洲关于氮氧化物排污权交易等环保政策的实施情况，比较了直接管制和基于市场激励的经济管制两种方法的成本和效果，认为基于市场激励的经济管制更具有优势。2006年，Huilan L对西弗吉尼亚16家燃煤电厂的污染物（SO_2、NO_x和CO_2）减排进行了经济性评价，揭示了减排成本和排放率之间的关系，并认为影子价格既可以用于电厂污染物减排成本的自评价，也可以用于排污权交易市场中的价值估算。2007年，Yihsu C运用基于非合作博弈论的大型计算模型分析了电力市场与环保政策之间的相互作用，研究了美国NO_x配额交易市场，认为寡头竞争中的领导者凭借其市场支配力可以获得市场中的经济租金。2011年，Bernd等人分析了美国二氧化硫和氮氧化物排污权交易市场以及欧洲的温室气体排污权交易市场，认为许可证交易作为一种环境保护工具，近年来越来越受到人们的重视，不仅可用于欧洲的二氧化碳排污权交易体系中，而且可用于土地管理、水污染防治和氮氧化物排污权交易等新的领域。

1.2.2 应用实践

（一）美国

排污权交易的理论与实践均起源于美国。1990 年以前，美国的排污权交易只在部分地区实行，主要包括补偿、气泡、储存、容量节余等四项政策。一般认为这一阶段是试验期，为其后来全面实施排污权交易奠定了基础。

第一，补偿政策。美国于 1970 年通过了《清洁空气法修正案》和《国家环境空气质量标准》（National Ambient Air Quality Standards，NAAQS），要求各州均相应制定州实施计划（state implementation plants，SIP），并递交环保局批准。为了强制执行 NAAQS 和 SIP，美国国会授权国家环保局有权不批准没有完成计划的州建设新的污染源，很多地区因为未完成计划而影响了经济增长。为了有效解决环境保护与经济增长之间的矛盾，1976 年美国环保局颁布了《排污补偿解释规则》（Emission Offset Interpretive Ruling），出台了补偿政策（offset policy）。该政策的主要内容是：在安装了污染控制设备，达到了排放率标准，并通过对该州其他污染源的超额削减补偿了新增污染源的排放量时，允许建设新的污染源。为加强对“超额削减补偿”的管理，美国环保局对现有排污的减少授予“排污削减信用证”（eimissions reduction credits，ERC）。要获得 ERC，管理部门必须确定该削减是州实施计划之外的额外削减量且是可实施的、永久的和可计量的。

第二，气泡政策。1979 年美国环保局颁布了“州执行计划中推荐使用的排污削减替代”政策，即气泡政策（bubble policy）。该政策的主要内容是：把一个企业或地区的多个污染源当作一个气泡，只要气泡内的污染源排放的污染物总量不超过政府核定的数量，则允许在该气泡内新建污染源，气泡内的各污染源之间自行调剂或交易排放指标。这样气泡内污染治理成本高的企业就可以不投入或少投入治理设施，而是以较低的价格购买排污指标，甚至在气泡内获得免费的调剂指标。

第三，储存政策。储存政策（banking policy）于 1979 年被推出，该政策的主要内容是：允许企业将通过实施污染物治理措施而节余的污染物减排量储存起来，留到以后自行使用或出售。这一政策的好处是可以激发企业尽早实施污染物治理的积极性，因为如果没有这样的政策，有些企业即使有能力实施这样的改造也会尽量拖到迫不得已的时候再去实施，同样迫切需要排放指标的新建污染源也需要耗费较多的时间去寻找或等待可供购买的指标，导致污染治理进程和经济建设同时放慢，不利于社会发展。

第四，容量节余政策。容量节余政策（netting policy）于 1980 年被推出，该政策的主要内容是：新建污染源如果不至于导致企业内的污染物排放总量增加，那么新建污染源可以不必承担严格的污染治理责任。这一政策的好处是如果企业内部其他项目具有以较低的治理成本实施污染物减排的条件时，可以不必投入资金对新建污染源进行严格的减排措施，以实现总成本最低。

1990 年通过《清洁空气法修正案》标志着美国的排污权交易实践进入到了一个新的阶段。该法案正式提出了“酸雨计划”（acid rain program，ARP），明确分两个阶段实施二氧化硫和氮氧化物的减排计划，第一阶段为 1995 年 1 月—1999 年 12 月，全美 110 座电厂 263 台发电机组（后又增加了 182 台，总数达到 445 台）的二氧化硫排放量比 1980 年减少约 330 万 t/年；第二阶段为 2000 年 1 月—2010 年底，要求几乎所有燃煤电厂都参与该计划，二氧化硫排放量比 1980 年减少 1000 万 t/年，氮氧化物减少 200 万 t/年。该计划要求所有纳入计划的电厂在烟囱上安装烟气连续在线监测装置，美国环保局可以实时监控电厂的污染物排放情况。政府首先为每家电厂分配排放许可证，对于超过初始分配量进行排放的企业，要么出钱购买超额指标，要么承受高额的政府罚款，相反许可证有节余的企业可以在市场上出售。许可证初始分配一般有无偿分配、奖励和拍卖三种方式。美国环保局一般将每年排放额度的2.8%左右留下来进行拍卖，拍卖从1993年开始每年举行一次，通常在每年3月的最后一个星期一举行。拍卖分为两部分：一是现货拍卖，其交易的配额许可证可以在当年使用；二是提前拍卖，其交易的配额许可证将在交易日7年后使用。美国2012年酸雨许可证拍卖情况如表1–1所示。

表1–1　　美国2012年酸雨许可证拍卖情况

中标企业名称	中标数量（t）	占总拍卖额的比例（%）	标的额（美元）
一、现货拍卖	125 000	100	83 791.77
LUME	75 000	60.000	52 000.00
Venator C. McFadden	38 617	30.894	21 625.52
Ohio Valley Electric Corp.	11 000	8.800	8 700.00
University of Tampa Environmental Protection Coalition	200	0.160	1000.00
Quadrivium Partners LLC	100	0.080	250.00
Bates College Environmental Econ B	45	0.036	81.49
Enlightened Citizen at UW–Madison	17	0.014	30.15
Bates College Environmental Econ A	9	0.007	17.11
Coral Cavanagh	6	0.005	60.00
Green Country Energy, LLC	5	0.004	25.00
Bates College Environmental Econ 1	1	0.001	2.50
二、提前7年拍卖（最早于2019年使用）	125 000	100	16 349.04

续表

中标企业名称	中标数量（t）	占总拍卖额的比例（%）	标的额（美元）
Venator C. McFadden	121 442	97.154	14 573.04
Quadrivium Partners LLC	3000	2.400	750.00
University of Tampa Environmental Protection Coalition	500	0.400	1000.00
Enlightened Citizen at UW–Madison	50	0.040	10.00
Green Country Energy, LLC	8	0.006	16.00
三、合计	250 000		100 140.81

在《清洁空气法修正案》的基础上，为了解决东部一些州的臭氧污染问题，美国于2004年开始实施氮氧化物预算计划（NO_x budget trading program，NBP），这意味着建立了一个跨区域的氮氧化物总量控制和排污权交易计划。2009年，美国开始实施清洁空气州际计划（clean air interstate rule，CAIR），用年度氮氧化物排污权交易和季度氮氧化物排污权交易（主要是指每年5—9月份臭氧季），取代了NBP中的氮氧化物交易计划。美国电力行业主要氮氧化物控制计划实施效果如表1–2所示。

表1–2　美国电力行业主要氮氧化物控制计划实施效果

实施计划	起始时间	影响范围	实际或预计减排量
1990年《清洁空气法修正案》下的氮氧化物削减计划	第一阶段：1995—1999年 第二阶段：2000年至今	部分受ARP计划影响的燃煤机组	2006年氮氧化物排放量为470万t，比2000年还低
氮氧化物预算计划（NBP）	2004—2007年（具体到各州开始时间不同）	东部20个州和华盛顿的发电机组、工业锅炉、涡轮机	到2007年，每年减少臭氧季氮氧化物88万t

续表

实施计划	起始时间	影响范围	实际或预计减排量
清洁空气州际计划（CAIR）	2009 年	东部 28 个州和华盛顿的燃煤机组	到 2015 年，每年减少氮氧化物排放量 200 万 t

（二）欧盟和日本

欧盟和日本的排污权交易实践主要是伴随着《京都议定书》而生的。为有效遏制全球温室气体排放导致全球变暖，世界主要国家于 1992 年在美国纽约通过了《联合国气候变化框架公约》，1997 年在日本京都召开的第三届缔约方大会达成了关于限制温室气体排放的最终公约，被称为《京都议定书》。按照“共同但有区别”的原则，《京都议定书》将所有缔约方分为发达国家和发展中国家，同时为不同的地区或国家规定了不同的温室气体减排责任，要求缔约方中的发达国家和部分转型经济国家在 2008—2012 年承诺期内将全部温室气体的排放量比 1990 年至少降低 5%，其中美国降低 7%，欧盟降低 8%，日本降低 6%，加拿大降低 6%，东欧的部分转型经济国家降低 5%～8%；同时考虑部分国家的实际情况允许其适当增加或保持不变，澳大利亚可以增加 10%，冰岛增加 10%，挪威增加 1%，新西兰、俄罗斯和乌克兰保持不变。

《京都议定书》提出了三个基于市场的合作机制，分别是清洁发展机制（clean development mechanism，CDM）、联合履约机制（joint implementation，JI）和国际排放贸易（international emissions trading，IET）。清洁发展机制运用相对比较广泛，旨在为未列入议定书附件 1 的国家参与温室气体减排及相关行动提供平台，特别是未列入议定书附件 1 的发展中国家通过技术改造或发展清洁能源，实现了温室气体减排，可以将减排指标出售给议定书附件 1 所列的发达国家，允许计入发达国家的减排量。联合履约机制是通过发达国家与发展中国家合作实施节能项目，以达到温室气体减排的目的，如日本于2002年7月与哈萨克斯坦合作进行了火电项目改造。日本于2008—2012年期间每年可以从该项目中获得6万t二氧化碳减排量，随后日本在世界各地进行的清洁发展机制与联合履约项目及其可行性研究和调查的项目已有将近200个。议定书中关于国际排放贸易的规定主要是允许任何一个缔约方向其他缔约方出售或购买温室气体的减排指标。

欧盟是《京都议定书》的主要推动者和践行者。2002年12月，欧盟环境理事会通过了欧盟范围内温室气体排污权交易的基本原则，形成了建立温室气体排污权交易市场的共识。根据欧盟委员会的计划，欧盟各国从2005年1月1日起开始实施二氧化碳排污权交易制度，过渡期为2年。要求装机容量在2万kW以上的发电厂和钢铁、水泥、玻璃、陶瓷、造纸企业必须实施二氧化碳减排。2003年4月，欧盟环境总局颁布了从2005年开始各成员国可排放温室气体的初始分配指标，各成员国再将指标进一步分配给本国企业，并且要求各国政府至少将本国指标的95%免费分配给各企业，剩余5%的指标可以采取拍卖的方式进行分配。各企业若超过初始分配指标则必须购买，若有节余则可以出售。在欧盟统一的排污权交易市场形成之前，一些国家已经实施了排污权交易，比如英国从2002年就开始允许国内各企业自由买卖二氧化碳排放量，政府给予超额完成减排指标的企业奖励，没有完成的企业要么承担罚款，要么花钱在市场上购买。

日本比较早就开展了排污权交易。2000年12月，由日本三菱马蒂利尔、东京电力公司、东京燃气公司等9家企业联合成立了名为COI的民间团体，专门负责从海外企业购买排污权，第一笔生意是从加拿大的石油企业购买了1000t温室气体排污权，交易价格为2～3美元/t。2002年6月，日本议会批准了《京都议定书》，7月日本政府公布了利用议定书灵活机制促进在日本开展清洁发展机制和联合履约项目的安排，同月即产生了第一个清洁发展机制项目，通过与巴西 V&M Tubes do Brazil 钢铁公司实施燃料转换项目，每年可以获得 113 万 t 的二氧化碳减排量。

在《京都议定书》第一阶段结束之前，世界主要国家举行了多轮艰苦卓绝的谈判，最终于 2012 年 12 月 8 日在卡塔尔首都多哈召开的联合国气候大会上通过了《京都议定书》修正案，同意在第二承诺期（2013—2020 年）继续实施《京都议定书》，略有遗憾的是加拿大、日本、新西兰及俄罗斯明确表示不参加《京都议定书》第二承诺期，而且在处理第一承诺期的碳排放余额问题上，仅有澳大利亚、列支敦士登、摩纳哥、挪威、瑞士和日本六国表示不会使用或购买一期排放余额来扩充二期碳排放额度。此外，大会还通过了有关长期气候资金、《联合国气候变化框架公约》长期合作工作组成果等决议，要求发达国家在 2020 年前实现“绿色气候基金”每年入款 1000 亿美元的目标，为发展中国家应对气候变化提供资金支持。

1.3 国内排污权交易概况

1.3.1 理论研究

排污权交易引起国内有关部门和学者的关注主要是在 1990 年以后。国内学者在充分借鉴国外理论研究成果与实践经验的基础上，结合我国的经济发展阶段以及环境保护现状开展了大量的研究，取得了一系列重要成果，为我国全面实施排污权交易奠定了坚实的理论基础。关于排污权交易一般性理论和氮氧化物治理的经济性及排污权交易的理论研究中，比较具有代表性的观点如下：

赵文会利用供求模型从成本角度出发分析了排污权交易的经济效

应。她认为，对于同样的治污量，排污收费和排污权交易从社会治理成本的角度看明显低于行政命令手段，但排污收费与排污权交易的差别在于：排污收费制度是先确定价格，然后由市场确定总排放水平；而排污权交易正好相反，即首先确定总排污量，然后由市场确定价格。对于排污收费制度，制定一个合理的收费标准至关重要，但因为收费标准由政府制定，这就需要政府对企业的边际治理成本拥有完全信息，但信息往往很难做到对称，因此收费标准很难制定得特别合适，若标准过低则达不到限制排放数量的目的，若标准过高则会影响企业主动治理的积极性。另外排污收费制度还为政府主管部门“设租”“寻租”提供了便利，容易导致腐败。

排污权交易实际上是通过市场机制引导高治理成本的企业对低治理成本的企业进行的一种补偿。如图 1–4 所示，假设 A 企业的边际治理成本为 MC_a，B 企业的边际治理成本为 MC_b，且 $MC_b>MC_a$，政府要求 A、B 两家企业都必须将排污量从 Q_0 降到 Q_1。

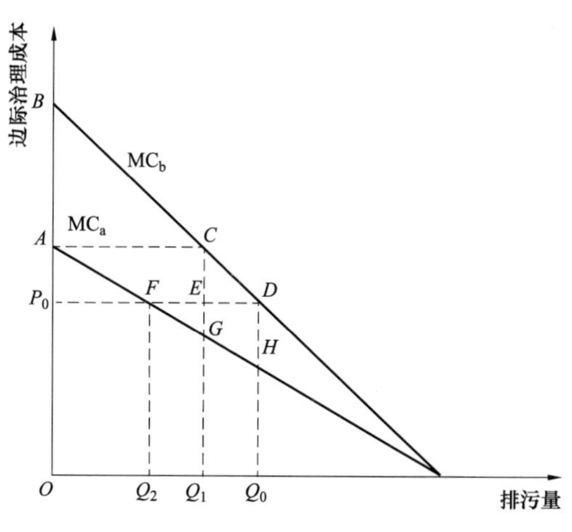

图 1–4 排污权交易的经济效应分析

如果两家企业均自己采取措施进行治理，那么 A 企业的总治理成

本为梯形 Q_1Q_0HG 的面积（即 $S_{Q_1Q_0HG}$），B 企业的总治理成本为梯形 Q_1Q_0DC 的面积（即 $S_{Q_1Q_0DC}$）。

由于 A 企业的边际治理成本低于 B 企业的边际治理成本，两家企业通过协商决定进行排污权交易，即 B 企业不采取治理措施仍然维持 Q_0 的排污量，A 企业在政府要求的 Q_1Q_0 基础上主动多减排 Q_2Q_1，$Q_2Q_1=Q_1Q_0$，按照 P_0 的价格将 Q_2Q_1 的减排量卖给 B 企业，这时 A 企业的治理成本增加到梯形 Q_2Q_0HF 的面积（即 $S_{Q_2Q_0HF}$），B 企业的治理成本变为 0，但需要向 A 企业支付排污权交易费用长方形 Q_1Q_0DE 的面积（即 $S_{Q_1Q_0DE}$）。

由此可见，实施排污权交易后，对于A企业来说，尽管多花了 $S_{Q_2Q_1GF}$ 的治理成本，但是因为获得了 $S_{Q_2Q_1EF}$（等于 $S_{Q_1Q_0DE}$）的排污权交易收入，实际获得的收益为 S_{GEF}（等于 $S_{Q_2Q_1EF}-S_{Q_2Q_1GF}$）；对于 B 企业来说，尽管支付了 $S_{Q_1Q_0DE}$ 的排污权交易费用，但因为减少了 $S_{Q_1Q_0DC}$ 的治理成本，实际获得的收益为 $S_{EDC}(S_{EDC}=S_{Q_1Q_0DC}-S_{Q_1Q_0DE})$。

因此，排污权交易让边际治理成本不同的两家企业均获得了好处，社会总成本也达到了最低，而且完全是基于市场机制下的企业自主行为，不需政府介入和干预。

关于排污权的适用范围，宋国君等人认为，由于污染物的排放包含了时间和空间的概念，所以应当确保在时间和空间上分割排污权之后该排污权仍然是同质的，否则将无法进行交易，因此并不是所有的污染物都可以进行排污权交易。空间分割的同质性是指不同地点排放的污染物对环境的影响效果是相同的。比如，在水环境保护中，化学需氧量（COD）在不同河流中的排放造成的环境影响是不同的，COD 不能跨流域分割，因此也就不能跨流域进行交易；在大气环境保护中，温室气体的排放会在全球范围内引起温室效应，与具体的排放地点无关，因此可以在全球范围内分割，相应的排污权也就可以在全球范围内进行交易。时间分割的同质性是指如果不同时间段排放的环境影响效果相同，则可以忽略排污的时间差别，因此可以跨时间进行排污权交易。比如，在大气环境保护中，城市空气质量标准规定了二氧化硫的浓度控制标准，对其限定了最高日排放值，所以交易的开展需要以日为结算单位，这样交易的成本可能会很大，因而不适合开展排污权交易；如果控制的目标是酸雨，则二氧化硫的排放可以用年做时间尺度，即可以忽略排放时间的不同，进行分割并开展交易。

为开展排污权交易中的排放总量研究，孙立等人运用环境库兹涅茨曲线研究了发展中国家环境的恶化程度与经济状况之间的关系，如图 1-5 所示。*ABEG* 曲线是典型的环境库兹涅茨曲线，在经济发展的一定阶段内，随着经济的发展，环境恶化日益加剧，环境恶化程度在 *E* 点达到顶峰后，通过采取节能减排及环境治理等一系列举措，环境开始改善，最终达到经济发达同时环境优美的理想状态（*G* 点）。*ABFG* 曲线代表一种理想的发展模式，在人们生活处于温饱水平的发展阶段随着经济发展环境不断恶化，在实现小康社会之前环境恶化达到顶峰（*F* 点），之后随着经济发展，环境不断得到改善，最终达到经济发达同时环境优美的理想状态（*G* 点）。*ABH* 和 *ABCD* 两条曲线代表了两种非常糟糕的情形，*ABH* 曲线表示经济发展刚越过温饱水平时，由于政府或民众担心环境状况进一步恶化，采取了停止或减缓发展的措施，结果导致环境状况改善的同时经济发展出现严重倒退的现象；*ABCD* 曲线表示经济发展达到 *B* 点后开始一段时间内经济尚能缓慢增长，但环境状况急剧恶化，达到 *C* 点后由于污染物排放超过环境容量，出现经济倒退的同时环境仍然进一步恶化。当前我国最期盼的状况是沿着 *ABFG* 曲线发展，最害怕的状况是出现 *ABCD* 的情形，因此在制定有关环境保护政策和确定污染物排放总量目标时应充分考虑这些因素。

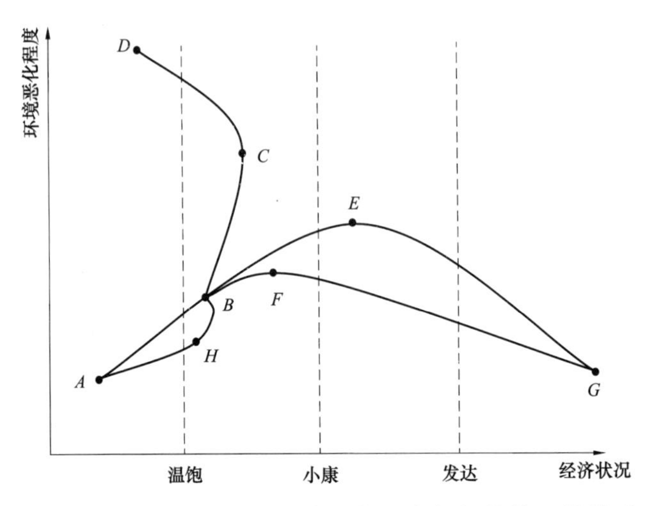

图 1-5　发展中国家的环境恶化程度与经济状况的关系

关于排污权交易的初始分配和市场交易问题，李寿德等人重点分析了不同初始分配方式对市场结构的影响，认为在排污权交易市场中，当初始排污权免费分配时，由于信息不对称，存在阻碍潜在竞争者进入的可能性，从而形成垄断，而当初始排污权采取拍卖分配时将不会阻碍厂商的垄断性。赵文会提出由于我国目前正处于社会主义初级阶段，企业效益整体较差，承受能力有限，如果按照排污治理成本征收排污费的话，许多规模小、经济效益差、治污成本高的企业将难以生存；若单纯无偿分配排污权，又会造成政府财政收入减少、资源利用不合理、企业竞争地位不平等问题，所以现阶段应该采用免费发放、公开拍卖和特殊处置相结合的方式。彭江波提出考虑环境消耗的代际性和在同代间的流动性，构建基于动态福利和地区差异的排污权交易初始分配定价模型，同时还在已有的研究基础上加入动态因素构建了基于现货价格、持有成本和预期综合影响的排污权交易期货定价模型。

笔者分别用“氮氧化物”“脱硝”“氮氧化物排污权交易”“氮氧化物排放权交易”“NO_x 排污权交易”“NO_x 排放权交易”等多个关键词对中国国家图书馆的馆藏中文文献库进行了全文检索，发现关于我国氮氧化物治理技术和经济性分析等方面的研究文献较多，但没有检索到专门研究氮氧化物排污权交易的相关理论文献。王春昌按照 NO_x 减排总费用最小的原则，将脱硝设备入口 NO_x 浓度作为变量，提出了脱硝设备入口 NO_x 浓度经济值是合理分配炉内空气分级燃烧技术的间接运行费用与脱硝设备直接运行费用的关键参数，NO_x 浓度只有在该经济值下，NO_x 减排的总费用才是最低的。刘建民等人认为火电企业烟气脱硝技术的经济性分析是一项系统性很强、涉及面较广的评价工作，包括评价指标体系、评价方法、技术性能分析、经济分析和综合评价等，提出了脱硝技术经济性评价的主要指标。王志轩等人认为电力行业氮氧化物控制需采用排污权交易以降低社会成本，建议尽快完善并颁布相关经济政策。

1.3.2 应用实践

20 世纪 80 年代在我国部分地区[1]出现了排污权交易的雏形，但作为一种制度正式引入我国应该要从 90 年代开始算起。1990—1994 年，原国家环保局在天津、上海、沈阳、广州、太原、贵阳、重庆、柳州、宜昌、吉林、常州、徐州、包头、牡丹江、开远和平顶山等 16 个城市进行大气污染物排放许可证制度试点，并在其中的太原、贵阳、柳州、包头、开远和平顶山等 6 个城市进行了大气污染物排污权交易试点，主要是针对二氧化硫和烟尘排放的总量控制与排污权交易制度进行初步探索。2001 年 4 月，原国家环保总局与美国环保协会启动了“推动

[1] 辽宁本溪、上海闵行、内蒙古包头等。

中国二氧化硫排放总量控制及排污权交易政策实施的研究”合作项目，经过一段时间的准备，原国家环保总局于2002年3月印发了《关于开展“推动中国二氧化硫排放总量控制及排污交易政策实施的研究项目”示范工作的通知》（环办函〔2002〕51号），指出为落实国家“十五”计划二氧化硫总量控制目标，进一步做好酸雨控制区和二氧化硫污染控制区（简称“两控区”）酸雨和二氧化硫污染防治工作，推行二氧化硫排污许可证制度，决定在山东、山西、江苏和河南四省以及上海、天津和柳州三个城市开展“两控区”二氧化硫排放总量控制及排污权交易的示范工作。作为对环办函〔2002〕51号文件的补充和完善，原国家环保总局于2002年6月印发了《关于二氧化硫排放总量控制及排污交易政策实施示范工作安排的通知》（环办函〔2002〕188号），进一步强调了排污权交易的试点工作，同时为尝试跨区域的排污权交易试点，示范单位中增加了中国华能集团公司。此次示范工作于2003年底结束，共涉及了“两控区”18.56%的二氧化硫排放量，131个城市（包括县级市）727个企业，详见表1–3。

表1–3　二氧化硫排放总量控制及排污权交易政策示范情况统计

示范区	山西	江苏	山东	河南	上海	天津	柳州	总计
面积（km^2）	4170	10.26	48 700	14 048	6340	1155	176	74 599
人口（万人）	415	7213	3390	1283	1640	118	183	14 242
城市（个）	3	77	30	18	1	1	1	131
企业数（个）	37	189	55	326	17	7	96	727
SO_2排放量（万t/年）	54.51	57.4	58	44.99	22	4.1	3.3	244.3

通过在我国主要城市大气污染治理实践中进行大面积规范化示范，发现并解决实际的政策、管理问题，总结实践经验，建立适合我国国情、适应我国需要的二氧化硫总量控制与排污权交易政策架构，以及配套管理制度、技术支持体系和运行机制，为真正实现污染物总量控制管理，将环境资源纳入经济社会发展管理，创新环境管理体制奠定了坚实基础，具有深远的影响和重要意义。在示范期间诞生了我国第一例接近于真正意义上的排污权交易案例：江苏省南通市天生港发电有限公司建设脱硫设施，每年二氧化硫实际排放量低于环保部门核定的排放指标，而南通醋酸纤维有限公司由于市场扩张，扩大产能需要增加二氧化硫排放量。为此经南通市环保局牵线搭桥，2001 年 9 月双方签订了二氧化硫排污权交易协议。根据协议，天生港发电有限公司有偿转让 1800t 二氧化硫排污权给南通醋酸纤维有限公司，每吨 220 元，共分 6 年兑现，每年 300t，当年使用不完可以结转至下一年度，6 年期满后排污权仍归天生港发电有限公司所有。

“十一五”以来，排污权交易更是引起了国务院及有关部门的高度重视，出台了一系列相关的规章制度。2005 年 12 月，国务院《关于落实科学发展观，加强环境保护的决定》（国发〔2005〕39 号）提出有条件的地区和单位可以实行二氧化硫等排污权交易。2008 年 7 月，国务院转发的《关于 2008 年深化经济体制改革工作意见》提出了开展火力发电厂二氧化硫排污权有偿使用和交易试点，在太湖流域开展主要水污染物排污权有偿使用和交易试点。国家《节能减排“十二五”规划》中提出要深化排污权有偿使用和交易制度改革，建立完善排污权有偿使用和交易政策体系，研究制订排污权交易初始价格和交易价格政策。2011 年 10 月，国家发展改革委办公厅印发了《关于开展碳排放权交易试点工作的通知》（发改办气候〔2011〕2601 号），同意在北京、天津、上海、重庆、湖北、广东及深圳开展碳排放权交易试点。2012 年 10 月，环境保护部会同国家发展改革委等部委联合下发的《关于印发〈重点区域大气污染防治“十二五”规划〉的通知》（环发〔2012〕130 号）要求在重点区域[1]全面推行大气污染物排污许可证制度，排放二氧化硫、氮氧化物、工业烟粉尘和挥发性有机物的重点企业，应在 2014 年底前向环保部门申领排污许可证，未取得排污许可证的企业不得排放污染物；继续推动排污权交易试点，对于电力等重点行业探索建立区域主要大气污染物排放指标有偿使用和交易制度。此外，全国大部分省（区、市）和部分地方政府陆续出台了本地区排污权交易的相关规章制度和办法，2008 年 8 月上海能源环境交易所和北京环境交易所同时挂牌成立，2008 年 9 月天津排放权交易所挂牌成立，此后河北、吉林、陕西、广州、武汉等环境（或排污权）交易所相继成立。

中国政府于 2002 年 8 月正式核准了《京都议定书》，按照规定中国没有强制减排义务，但中国企业通过投资项目实现的减排量可以在国际市场上进行交易。我国主要是运用清洁发展机制（CDM）向欧盟等发达国家或地区出售二氧化碳减排量，主要包括：新建的风电、太阳能发电、水电和天然气发电等清洁能源项目减排的二氧化碳当量，纯凝汽式发电机组进行供热改造带来的单位发电煤耗下降从而减排的二氧化碳当量。CDM 市场价格受国际经济形势影响波动较大，2008 年以前

[1] 包括京津冀（北京、天津、石家庄、唐山、保定、廊坊）、长三角（上海、南京、无锡、常州、苏州、南通、扬州、镇江、泰州、杭州、宁波、嘉兴、湖州、绍兴）、珠三角（广州、深圳、珠海、佛山、江门、肇庆、惠州、东莞、中山）、辽宁中部（沈阳）、山东（济南、青岛、淄博、潍坊、日照）、武汉及其周边地区、长株潭（长沙）、成渝（成都、重庆）、海峡西岸（福州、三明）、山西中北部（太原）、陕西关中（西安、咸阳）、甘宁（兰州、银川）、乌鲁木齐等 13 个区域，共涉及 19 个省（区、市）47 个地级及以上城市，约占全国 14%的国土面积、48%的人口和 71%的经济总量。

一直呈上升趋势，受国际金融危机的影响，2008 年下半年开始出现下降，2010 年一度出现回升迹象，但 2011 年开始受欧债危机的影响价格再次开始下降，2013 年价格已降至 2 欧元以下，CDM 交易几乎陷入停滞状态。我国 CDM 交易价格走势见图 1–6。截至 2012 年 8 月底，我国已有 2364 个 CDM 项目在联合国清洁发展机制执行理事会成功注册，占全世界注册项目总数的 50.41%，已注册项目预计年减排量（CER）约 4.2 亿 t 二氧化碳当量，占全球注册项目年减排量的 54.54%，项目数量和年减排量都居世界第一，为世界的节能减排作出了积极贡献。

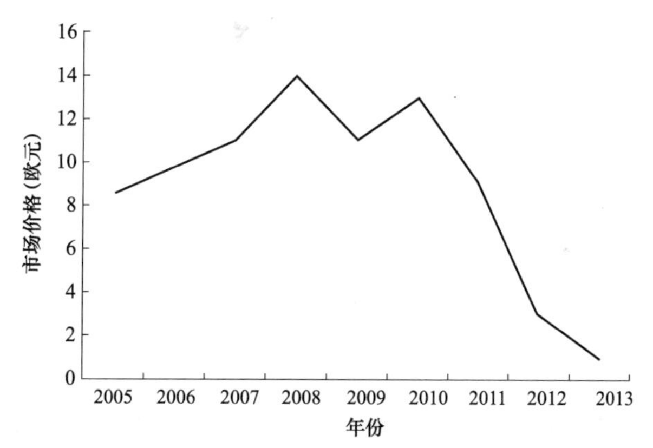

图 1–6　我国 CDM 交易价格走势

注：根据公开资料收集并整理而成。

我国的氮氧化物治理工作直到“十一五”后期才被提上重要的议事日程，此前排污权交易也很少涉及氮氧化物。进入“十二五”之后，氮氧化物治理工作受到环保部门的高度重视，针对氮氧化物的排污权交易也应运而生。2011 年 12 月 23 日，陕西省进行了全国首例氮氧化物排污权拍卖活动，陕西省环保厅共拿出 380t 氮氧化物进行拍卖，底价 6000 元/t，很快就以 7800 元/t 的最高价被 5 家企业一抢而空，总交易额达 290 余万元。此次的氮氧化物指标主要来源于两大类。第一类是年度计划新增氮氧化物排放量；第二类是在2010年污染源普查的基础上，符合以下三种条件之一的氮氧化物减排量纳入全省氮氧化物排污权储备量：一是排污单位实行产业结构调整，整厂关闭或生产线淘汰后且没有进行企业集团内部调剂用于自身新建项目的氮氧化物减排量；二是排污单位通过工艺改造、技术进步、末端治理设施建设和完善等措施后减少的氮氧化物排放量；三是排污单位通过加强监督管理、严格排放标准、提高治污设施污染物去除效率、确保治污设施稳定高效运行等措施产生的氮氧化物减排量。此后多次进行氮氧化物排污权交易，其中2013年3月13日举行的氮氧化物等污染物排污权交易会，陕西彬长矿业集团有限公司、子洲县永兴煤矿等企业竞买氮氧化物排污权成功，最高成交价为8400元/t。

湖北省人民政府于2008年10月发布的《湖北省主要污染物排污权交易试行办法》提出将化学需氧量和二氧化硫纳入排污权交易管理，2012年8月印发《湖北省主要污染物排污权交易办法》，明确实行污染物排放总量控制和排污权交易的主要污染物包括化学需氧量、二氧化硫、氨氮和氮氧化物。2010年10月1日起实施的《湖南省主要污染物排污权有偿使用和交易管理暂行办法》规定在长株潭地区试点二氧化硫、氮氧化物、化学需氧量和氨氮等主要污染物排污权有偿使用和交易。内蒙古自治区政府于2011年2月9日印发了《自治区排污权有偿使用和交易试点实施方案》，凡新增排污指标的建设项目都需要先购买指标，获得排污权后方能开工建设，所有行业、所有排污单位都将对二氧化硫、氮氧化物、化学需氧量和氨氮四项主要污染物实施排污权有偿使用。《河北省主要污染物排污权交易管理办法（试行）》规定从2011年5月1日起，在满足环境质量要求和主要污染物排放总量控制的前提下，主要污染物排污权转让方和受让方可以在交易机构对依法取得的主要污染物年度许可排放量进行公开买卖，而且2011年5月1日之后审批的新、改、扩建项目需要新增主要污染物年度许可排放量的，必须通过交易取得；河北省排污权交易的主要污染物种类为化学需氧量、氨氮、二氧化硫和氮氧化物四项，但考虑河北省的实际情况，近期只进行化学需氧量和二氧化硫的排污权交易，待条件成熟后再进行氨氮和氮氧化物的交易。山西省从2012年7月1日起将氮氧化物纳入排污权交易指标，并规定氮氧化物交易的基准价为1.8万元/t。2012年8月1日开始施行的《成都市排污权交易管理规定》明确将氮氧化物纳入排污权交易管理范畴。

1.4 存在的主要问题与启示

通过对国内外关于排污权交易的理论研究与实践情况进行总结和梳理，不难发现我国排污权交易的相关理论研究与实践经验还比较缺乏，特别是针对氮氧化物排污权交易的理论与实践几乎处于空白。对照国际经验，我国尚存在一些问题和不足，需要在今后逐步完善：

第一，排污权交易缺乏法律依据。美国于1990年通过的《清洁空气法修正案》规定，政府首先为每家电厂发放排放许可证，对于超过初始分配量进行排放的企业，要么出钱购买超额指标，要么承受高额的政府罚款，相反许可证有节余的企业可以在市场上出售，这就为排污权交易提供了明确的法律依据。到目前为止，在我国虽然国家有关部门和一些地方政府出台了关于氮氧化物治理和排污权交易的规章制度，但基本上属于行政法规范畴，对政府行政和企业经营活动的法律约束力不强。《中华人民共和国大气污染防治法》（2000年4月29日第九届全国人民代表大会常务委员会第十五次会议修订）第十五条规定："国务院和省、自治区、直辖市人民政府对尚未达到规定的大气环境质量标准的区域和国务院批准划定的酸雨控制区、二氧化硫污染控制区，可以划定为主要大气污染物排放总量控制区；大气污染物总量控制区内有关地方人民政府依照国务院规定的条件和程序，按照公开、公平、公正的原则，核定企业事业单位的主要大气污染物排放总量，核发主要大气污染物排放许可证；有大气污染物总量控制任务的企业事业单位，必须按照核定的主要大气污染物排放总量和许可证规定的排放条件排放污染物。”《中华人民共和国环境保护法》（2014 年 4 月 24 日第十二届全国人民代表大会常务委员会第八次会议修订）第四十四条和第四十五条分别规定：“国家实行重点污染物排放总量控制制度，重点污染物排放总量控制指标由国务院下达，省、自治区、直辖市人民政府分解落实。”“国家依照法律规定实行排污许可管理制度，实行排污许可管理的企业事业单位和其他生产经营者应当按照排污许可证的要求排放污染物；未取得排污许可证的，不得排放污染物。”上述两部法律虽然对大气污染物排放总量控制和排污许可证作出了规定，但并没有进一步延伸到排污权交易领域，而且从国内已经发生的排污权交易案例来看绝大部分是经政府安排或在政府撮合下进行的，基于企业之间自主发生的案例很少，政府行政手段的作用远远大于经济手段和法律手段的作用。

第二，总量控制与初始分配机制需进一步完善。只有确定了污染物排放的总量控制目标，才能使得排放指标成为稀缺资源，从而为企业实施污染物治理和排污权交易带来动力和压力，因此科学确定总量控制目标至关重要。为了给企业一个长期且可以预期的减排目标，美国的“酸雨计划”明确了 1995—2010 年长达 15 年的减排目标，《京都议定书》第一阶段明确了 2008—2012 年期间的减排量以 1990 年为基准，第二阶段再次将期限延长了 8 年直到 2020 年。我国的污染物总量控制目标一般以年度和“五年规划”为周期，相对而言时间较短且基准期不固定，作为重要污染点源的火电企业由于建设周期加上运营期接近 30 年，过短的目标周期不能给予这样的企业一个长期且稳定的目标导向，因此在决策是自建减排设施还是通过排污权交易的方式时往往比较盲目，不利于排污权交易市场的健康发展，甚至出现减排越多后续任务越重的“鞭打快牛”的现象。在初始分配方面，我国目前缺乏统一的标准，各地方政府在实际操作中的灵活度和自由度比较大，容易出现不公平的现象，打击了企业主动开展排污权交易的积极性。

第三，属地管理原则不利于形成全国性交易市场。大气污染物对生态环境的影响具有跨地域的特性，往往需要跨区域甚至全国范围内同步采取措施才能达到治理效果，美国的“酸雨计划”允许在全国范围内进行二氧化硫、氮氧化物等污染物排污权交易，《京都议定书》更是在全球范围内交易温室气体排污权。2010 年 5 月国务院办公厅转发环境保护部等部门《关于推进大气污染联防联控工作改善区域空气质量指导意见的通知》(国办发〔2010〕33 号)，要求“建立统一规划、统一监测、统一监管、统一评估、统一协调的区域大气污染联防联控工作机制”。2013 年 6 月国务院常务会议要求建立环渤海（包括京津冀）、长三角、珠三角等区域大气污染联防联控机制，但到目前为止成效并不显著，主要是因为污染物减排指标是按照行政区划层层进行分解下达并考核的，呈现出明显的属地管理特征。在这种情况下，往往容易存在地方保护主义，排污权指标调出的地方政府认为把排污权指标卖给了别的地方，怕影响本地的后续发展，因此不愿意将排污权指标调出；调入的省份认为花钱购买排污权指标，资金流到了外地，污染却留在了本地，因此不支持企业购买。另外，在属地管理方式下，由于不同地方政府在污染物排放水平和治理要求方面具体的掌握尺度不尽完全相同，企业可以采取“用脚投票”的方式从管治严格的地方搬迁到管治相对宽松的地方，对于整个区域来讲污染物排放总量并没有减少。

第四，氮氧化物排污权交易的理论与实践都比较滞后。美国从 20 世纪 70 年代开始开展氮氧化物排污权交易，至今已有 40 多年的历史。我国氮氧化物治理工作起始于“十一五”中后期，直到“十二五”期间才明确提出氮氧化物的总量控制目标，氮氧化物排污权交易的理论研究与实践均几乎处于空白。氮氧化物排污权交易尽管具有污染物排污权交易的一般属性，关于污染物排污权交易的基础理论与实践经验可以适用于氮氧化物的排污权交易，但由于氮氧化物与其他污染物相比，在产生机理、治理技术、总量控制目标等多方面均存在差异，因此有必要加强专门针对我国火电行业氮氧化物治理的经济性和排污权交易研究，以便更好地指导实践，促进我国火电行业氮氧化物治理取得更好的成效。

本 章 小 结

本章集中梳理了国内外关于氮氧化物排污权交易的理论文献与实践成果，主要结论如下：

第一，经济学是氮氧化物排污权交易的理论基础。厂商理论、公共物品理论、外部性理论和产权理论等西方经济学的基本理论构成了排污权交易的经济学理论基础。排污权交易理论诞生于经济学的基础理论，是经济学的基础理论在产业领域的发展和延伸。

第二，发达国家关于排污权交易的理论与实践起步较早，取得了显著成效。排污权交易最早起源于美国，后来逐渐被引入到欧洲、日本等发达国家和地区，《京都议定书》更是将排污权交易运用到了环境治理的国际合作领域，对于减少全球温室气体排放，维护地球生态环境起到了显著成效。

第三，我国火电行业氮氧化物治理及排污权交易起步较晚，但进展较快，同时还存在不少问题和不足需要进一步完善。我国于20世纪90年代才正式引入排污权交易的概念，比美国晚了约20年，火电行业氮氧化物治理与排污权交易更是在最近5年才开始引起人们的关注。由于起步较晚，尽管在政府的强力推动下进展较为迅速，但是仍然存在许多问题和不足，需要在进一步的理论研究与实践中不断完善。

2

火电行业现状及实施氮氧化物排污权交易的必要性

在过去的一个多世纪里，我国电力工业走过了一条极不平凡的道路。发电装机从无到有、从小到大，目前总装机容量已经跃居世界第一位。特高压输电技术以及发电行业部分领域的技术水平处于世界领先地位，发电煤耗、厂用电率等主要技术经济指标不断优化。伴随着生产力的不断发展，电力工业的生产关系和制度安排也在不断作出调整，以便适应生产力发展的需要。我国对火电行业污染物进行全面治理肇始于最近20年，通过多方面的共同努力，目前已经取得了积极成效，尤其是烟尘和二氧化硫的排放总量与排放绩效均已得到有效控制。我国对火电行业氮氧化物的治理工作起步相对较晚，最近两年尽管取得了显著的成效，但目前还有一半左右的在役机组没有完成脱硝设施改造，加之大量的新建机组需要同步安装脱硝设施，后续治理任务依然十分繁重。因此，在采取行政和技术措施的同时，引入排污权交易等经济手段，对于促进火电行业氮氧化物治理是十分必要的。

2.1 火电行业发展状况

2.1.1 管理制度变迁

1882年7月26日，我国第一家发电公司——上海电气公司正式进入商业化运营，第一盏电灯在上海南京路点亮，标志着中国电力工业从此诞生。新中国成立至改革开放之前的将近30年时间里，由于公有制被认为是社会主义的主要特征，绝对禁止其他所有制形式的存在，对电力工业采取了国家办电的高度垄断模式。在这期间，尽管国家管理电力的机构先后经历了燃料工业部、电力工业部、水利电力部的变革，权力分配也经历了中央集权和地方分权的反复调整，但“政企合一、国有国营”是贯穿始终的重要特点，火电投资、建设、运营全部由国家统一管理。客观地评价，在国民经济百废待兴时期，国家高度垄断的生产关系安排应该说充分发挥了社会主义集中力量办大事的优越性，有效克服了电力工业资金密集、技术密集的特征对资金和技术的巨大需求，促进了电力生产力的迅速发展。然而，在高度垄断的管理体制下，市场这只“看不见的手”无法发挥作用，电力工业发展指标完全依靠国家以指令性的计划下达，要么计划指标本身严重脱离实际，要么电力发展受到政治、经济事件的干扰无法完成计划，因此电力供需矛盾始终十分突出，缺电问题严重。

党的十一届三中全会以后，我国社会经济领域的改革纷纷启动。尽管电力工业经过30年的发展已经有了相当的规模，但经济的快速增长对先行发展电力的要求越来越迫切，继续依靠国家独资办电已经不能满足电力发展对资金的需求，电力生产关系需要作出相应的调整。在这种背景下，1985年5月国务院下发了《关于鼓励集资办电和实行多种电价的暂行规定》，1987年9月国务院进一步提出了“政企分开，省为实体，联合电网，统一调度，集资办电”的方针，一系列举措极大地激发了各种社会力量参与办电的积极性。由于电网在输配环节存在自然垄断属性，以及水电项目存在初始投资巨大等经济特性，当时外资、民营资本等进入电力行业主要是投资建设火电项目（此时风电、太阳能发电等在我国尚未大规模开发），火电行业开始呈现出投资主体多元化的趋势。

为不断提高电力行业的生产效率，引入竞争、打破垄断，国家于1997 年撤销电力部成立国家电力公司，我国电力工业初步实现了政企分开。2002 年底国家电力公司被进一步拆分，其所属的发电资产经过重组成立了中国华能集团公司、中国大唐集团公司、中国华电集团公司、中国国电集团公司和中国电力投资集团公司五大发电集团公司（以下统称“五大发电集团”），在每一个区域每家发电集团的市场份额原则上不得超过 20%，目的是防止形成垄断。改革之后不久，恰遇我国经济进入新一轮上升周期，电力需求增长十分强劲，加之各发电集团均存在保持或扩大市场份额的强烈愿望，我国发电装机容量进入了前所未有的快速增长阶段，不仅五大发电集团的装机容量基本上都翻了两番，同时中国神华集团公司、国家开发投资公司等全国性能源公司及部分省属能源公司和煤炭企业纷纷进军发电领域，而且装机容量实现了大幅增长。截至 2013 年底，五大发电集团所属装机容量占全国总容量的46.34%，比 2003 年上升了 11.75 个百分点，但仍不足 50%，一半以上的装机容量由其他中央企业、地方国有企业、民营企业或外资企业投资，充分表明我国发电行业市场化程度已经达到较高的水平。五大发电集团占全国电力总装机容量的比例变化情况见表 2-1。

表 2-1　　五大发电集团占全国总装机容量的比例变化情况

集团名称	2003 年				2013 年			
	总装机容量（万 kW）	占全国比重（%）	火电装机容量（%）	占全国比重（%）	总装机容量（万 kW）	占全国比重（%）	火电装机容量（%）	占全国比重（%）
中国华能集团公司	3166	8.09	2925	10.09	14 224	11.31	11 356	13.05
中国大唐集团公司	2746	7.02	2472	8.53	11 535	9.17	8767	10.08

续表

集团名称	2003年				2013年			
	总装机容量（万kW）	占全国比重（%）	火电装机容量（%）	占全国比重（%）	总装机容量（万kW）	占全国比重（%）	火电装机容量（%）	占全国比重（%）
中国华电集团公司	2793	7.14	2317	8.00	11 276	8.97	8563	9.84
中国国电集团公司	2533	6.47	2215	7.64	12 279	9.76	9227	10.60
中国电力投资集团公司	2301	5.88	1688	5.83	8968	7.13	6209	7.14
合计	13 539	34.59	11 617	40.09	58 282	46.34	44 122	50.71

2.1.2 技术结构演进

新中国成立之初，我国电力装机容量很小，且主要是小火电机组，1949 年我国发电装机总容量仅为 185 万 kW，其中火电装机容量为 169 万 kW，占 91.35%。后来随着水电等电源形式得到规模化开发，火电比重呈现下降趋势，到 1980 年全国总装机容量达到 6587 万 kW，其中火电装机容量为 4555 万 kW，占 69.15%，达到最低水平。此后为满足国民经济快速增长的需要，电力建设规模迅速增加，火电以其建设周期短、初始投资相对较低等优势增长速度快于水电等其他电源形式，到 2000 年底，全国总装机容量达到 31 932 万 kW，其中火电装机容量为 23 754 万 kW，占 74.39%，达到较高水平。进入 21 世纪以来，我国大力开发水电、风电、太阳能发电、核电等清洁能源，火电比重开始出现稳中有降的趋势，到 2013 年底全国总装机容量达到 125 768 万 kW，其中火电装机容量为 87 009 万 kW，占 69.18%。由此可见，新中国成立以来随着我国发电装机容量的不断增长，火电装机容量占总装机容量的比重有所波动，但始终在电源结构中占主体地位，1990—2012 年一直在 70%以上，2013 年首次降至 70%以下，发电量的比重始终维持在 80%左右。今后，随着我国进一步加大清洁能源和可再生能源的开发力度，将在一定程度上降低火电机组（尤其是煤电机组）的比重，但受我国一次能源禀赋特征的影响，可以预测在未来相当长的一段时间内，火电在我国电源结构中的主体地位将难以改变。我国火电装机容量及发电量比重变化情况分别见图 2-1 和图 2-2。

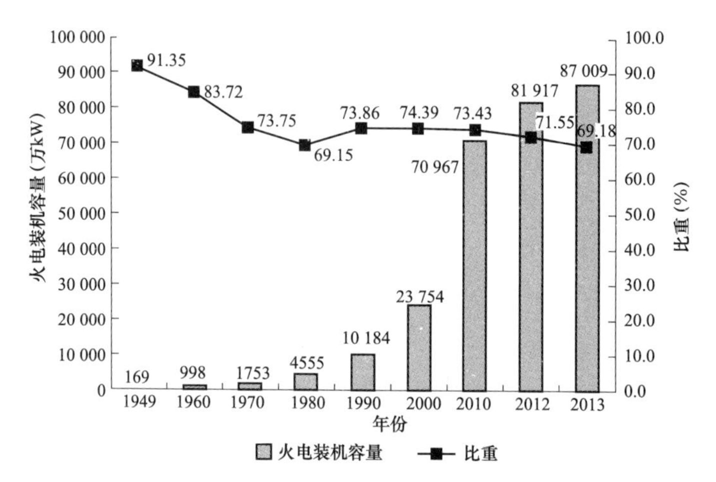

图 2-1　我国火电装机容量占全国总装机容量的比重变化

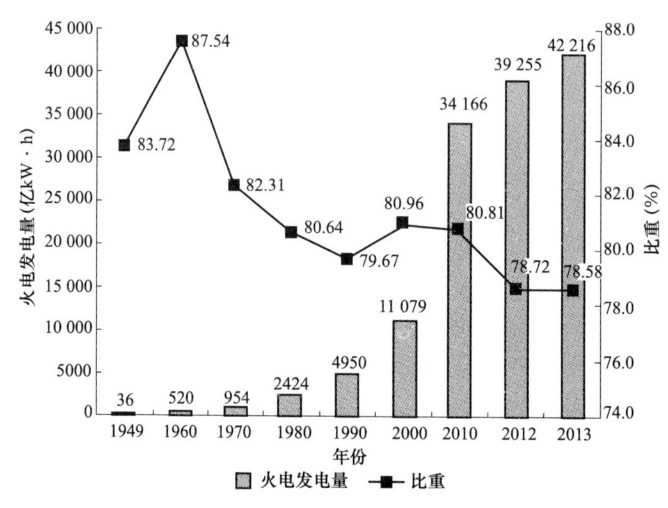

图 2-2　我国火电发电量占全国总发电量的比重变化

从火电机组的单机规模来看，我国火电发展走过了一条从小到大、从低效到高效的道路，目前技术装备与制造水平已进入世界先进行列。新中国成立初期，我国就确立了“建设以国产为主的电力系统，在有条件的地区建设大型和巨型水电站和火电企业，并尽量采用大容量机组”的方针。1956 年 4 月第一台国产 6000kW 火电机组在安徽淮南田家庵电厂投产，1958 年 8 月第一台 1.2 万 kW 火电机组在重庆电厂投产，1958 年 12 月第一台 2.5 万 kW 火电机组在上海闸北电厂投产，1959 年 11 月第一台 5 万 kW 火电机组在辽宁电厂投产，1967 年 2 月第一台 10 万 kW 火电机组在北京高井电厂投产，1969 年 9 月第一台 12.5 万 kW 火电机组在上海吴泾电厂投产，1973 年 4 月第一台 20 万 kW 火电机组在辽宁朝阳电厂投产，1974 年 11 月第一台 30 万 kW 火电机组在江苏望亭电厂投产，1988 年 12 月第一台 60 万 kW 火电机组在安徽平圩电厂投产。2000 年以后，我国全面加快了 60 万 kW 级和 100 万 kW 级高参数、环保型火电机组的研发、制造和建设进程，取得了显著成效。2004 年 11 月第一台 60 万 kW 超临界火电机组在河南沁北电厂投产，2006 年 11 月第一台 100 万 kW 超超临界火电机组在浙江玉环电厂投产。2011 年 1 月世界首台 100 万 kW 超超临界直接空冷火电机组在宁夏灵武电厂投产，标志着我国发电装备制造水平达到了世界领先水平。截至 2013 年底，我国共投产 100 万 kW 级火电机组 63 台，总装机容量达到 6325 万 kW，主要分布在经济发达、电力需求旺盛的东部和中部地区。2013 年底已投产的 100 万 kW 级火电机组分布见表 2-2。

表 2-2 我国 2013 年底已投产的 100 万 kW 级火电机组分省情况

省份	台数（台）	装机容量（万 kW）
天津	2	200
辽宁	2	200

续表

省份	台数（台）	装机容量（万 kW）
上海	4	400
江苏	15	1500
浙江	10	1000
安徽	1	105
山东	4	404
河南	6	600
湖北	3	300
广东	12	1207
广西	2	209
宁夏	2	200
合计	63	6325

2005 年以来，为促进节能减排和火电产业技术升级，我国出台了“上大压小”政策。按照 2007 年 1 月国务院批转发展改革委、能源办《关于加快关停小火电机组若干意见的通知》（国发〔2007〕2 号）的规定，“十一五”期间，在大电网覆盖范围内逐步关停以下燃煤（油）机组：单机容量 5 万 kW 以下的常规火电机组；运行满 20 年、单机容量 10 万 kW 级以下的常规火电机组；按照设计寿命服役期满、单机容量 20 万 kW 以下的各类机组；供电标准煤耗高出 2005 年本省（区、市）平均水平 10%或全国平均水平 15%的各类燃煤机组；未达到环保排放标准的各类机组；按照有关法律法规应予关停或国务院有关部门明确要求关停的机组。该通知进一步指出：企业建设单机容量 30 万 kW、替代关停机组的容量达到自身容量 80%的项目，单机容量 60 万 kW、替代关停机组的容量达到自身容量 70%的项目，单机容量 100 万 kW、替代关停机组的容量达到自身容量 60%的项目，单机容量 20 万 kW 以上的

热电联产机组、替代关停机组的容量达到自身容量 50%的项目，可以优先安排建设。国家《节能减排“十二五”规划》提出进一步关停在大电网覆盖范围内单机容量在 10 万 kW 及以下的常规燃煤火电机组、单机容量在 5 万 kW 及以下的常规小火电机组、以发电为主的燃油锅炉及发电机组（5 万 kW 及以下）、设计寿命期满的单机容量在 20 万 kW 及以下的常规燃煤火电机组，计划“十二五”期间关停小火电机组 2000 万 kW。“上大压小”政策是行政手段与市场手段的有机结合，成效显著，2005 年以来全国累计关停小火电机组已超过 8000 万 kW。

在小机组不断被淘汰，大机组取而代之的情况下，我国火电机组的平均单机容量呈快速增长态势。我国火电机组平均单机容量变化情况见图 2-3。

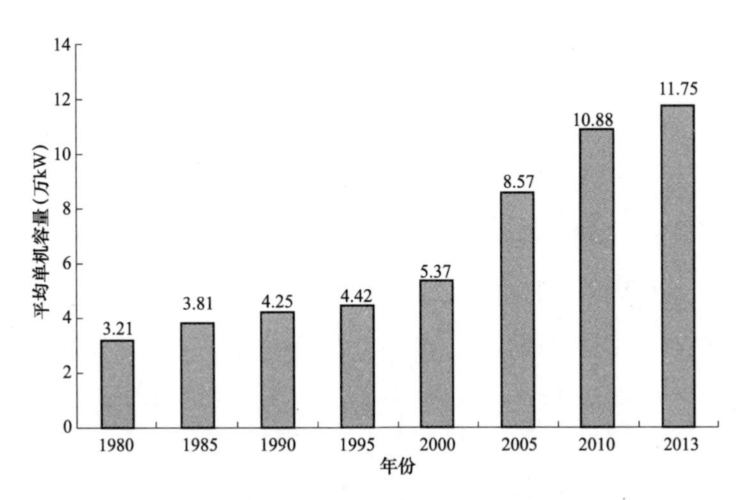

图 2-3　我国火电机组平均单机容量变化情况

2.1.3　经济指标优化

一般来说，衡量火电机组的技术经济指标主要有发电标准煤耗、供电标准煤耗和发电厂用电率，三者之间的关系可用式（2-1）表示，即

$$\text{供电标准煤耗}[\mathrm{g/(kW\cdot h)}]=\frac{\text{发电标准煤耗}[\mathrm{g/(kW\cdot h)}]}{1-\text{发电厂用电率}(\%)} \quad (2\text{-}1)$$

式中　供电标准煤耗——火电企业每供出 1kW·h 电能平均耗用的标准煤量。

发电标准煤耗是指火电企业每发 1kW·h 电能平均耗用的标准煤量，计算式为

$$\text{发电标准煤耗}[\mathrm{g/(kW\cdot h)}]=\frac{\text{发电耗用标准煤量}(\mathrm{g})}{\text{发电量}(\mathrm{kW\cdot h})} \quad (2\text{-}2)$$

发电厂用电率是指发电厂在生产电能的过程中自身所消耗的电量（简称“发电厂用电量”）与发电量的比率，计算式为

$$\text{发电厂用电率}(\%)=\frac{\text{发电厂用电量}(\mathrm{kW\cdot h})}{\text{发电量}(\mathrm{kW\cdot h})}\times 100\% \quad (2\text{-}3)$$

随着我国火电行业技术结构的不断优化，装备水平和生产运行管理水平的不断提升，我国火电行业的平均供电标准煤耗、平均发电标准煤耗、发电厂用电率均有了较大幅度的下降，分别见图 2-4～图 2-6。

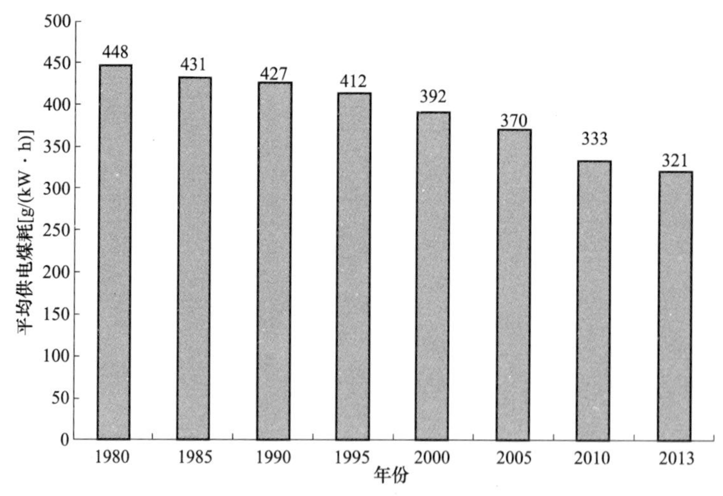

图 2-4　我国火电机组平均供电煤耗变化情况

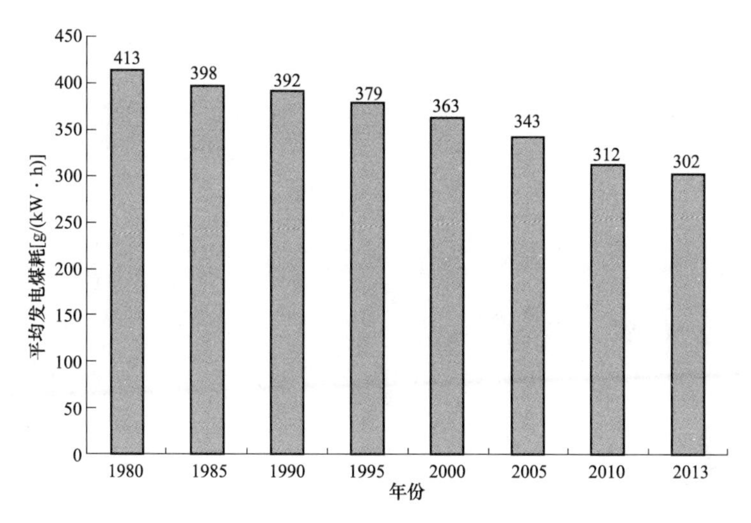

图 2-5　我国火电机组平均发电煤耗变化情况

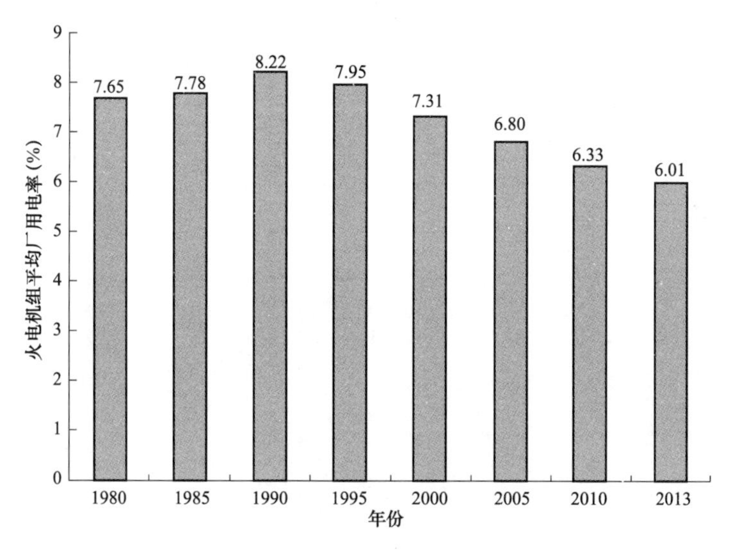

图 2-6　我国火电机组平均发电厂用电率变化情况

2014 年 9 月，国家发展改革委印发《煤电节能减排升级与改造行动计划（2014—2020 年）》（发改能源〔2014〕2093 号），要求今后新建燃煤机组平均供电煤耗低于 300g/（kW・h），到 2020 年在役燃煤机组平均供电煤耗低于 310g/（kW・h）。

另外一个经常用来衡量火电机组的技术经济指标为发电设备利用小时数，即按机组铭牌容量计算的火电机组设备利用程度，计算式为

$$发电设备利用小时数(h)=\frac{发电量(kW \cdot h)}{发电设备平均容量(kW)} \qquad (2-4)$$

如果在报告期内发电机组无增减变化，则发电设备平均容量等于期末发电设备容量；如果在报告期内发电机组有增减变化，则发电设备平均容量应按实际运行时间进行折算。

一般来说，发电设备利用小时数的高低既取决于机组本身的健康状况，同时也取决于当期的电力供需关系，而电力需求往往与经济发展水平是正相关的。此外，火电设备利用小时数往往还与电源结构、负荷特性、燃料供应等有一定的关系。我国 GDP 增速与火电机组利用小时数的相关关系如图 2-7 所示。

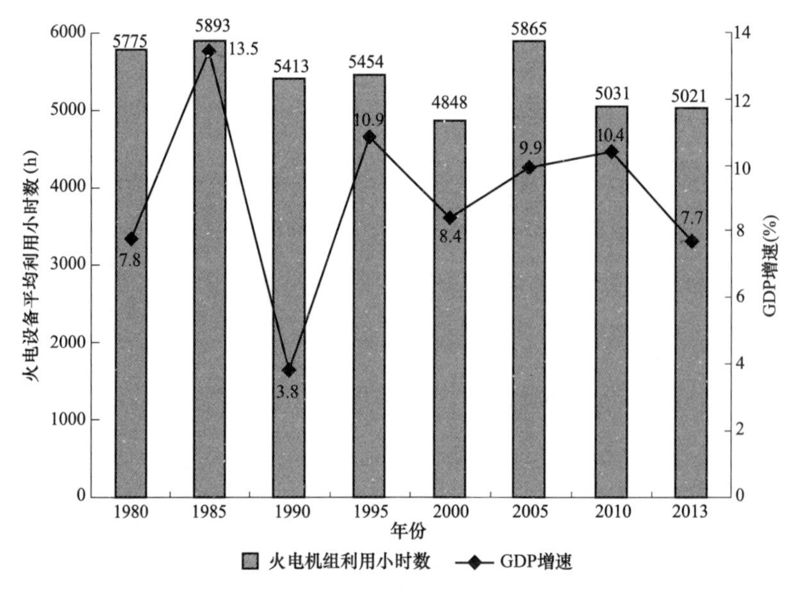

图 2-7　我国火电机组年平均利用小时数与 GDP 增速关系

2.2 火电行业污染物治理状况

火电企业的燃料主要有煤炭、石油、天然气、秸秆和垃圾等，所排放烟气的主要成分有水蒸气、N_2、CO_2、SO_2、SO_3、NO_x、CO、颗粒物、重金属和微量元素（如 As、Hg、Ni、Mn 等）。根据《火电厂大气污染物排放标准》（GB 13223—2011）的相关规定，目前纳入我国火电企业大气污染物排放限值要求的主要包括烟尘、二氧化硫、氮氧化物和汞及其化合物。另外，关于二氧化碳的减排与捕捉技术也在一部分电厂开始应用。

《火电厂大气污染物排放标准》（GB 13223—2011）中关于燃煤电厂大气污染物的排放限值要求见表 2–3 和表 2–4。同时要求：① 自 2014 年 7 月 1 日起，现有火力发电锅炉及燃气轮机组执行表 2–3 规定的烟尘、二氧化硫、氮氧化物和烟气排放限值；② 自 2012 年 1 月 1 日起，新建火力发电锅炉及燃气轮机组执行表 2–3 规定的烟尘、二氧化硫、氮氧化物和烟气排放限值；③ 自 2015 年 1 月 1 日起，燃烧锅炉执行表 2–3 规定的汞及其化合物污染物排放限值。

表 2–3　火力发电锅炉及燃气轮机组大气污染物排放浓度限值

mg/m^3（烟气黑度除外）

序号	燃料和热能转化设施类型	污染物项目	适用条件	限值	污染物排放监控位置
1	燃煤锅炉	烟尘	全部	30	烟囱或烟道
		二氧化硫	新建锅炉	100 200*	
			现有锅炉	200 400*	
		氮氧化物（以 NO_2 计）	全部	100 200**	
		汞及其化合物	全部	0.03	

续表

序号	燃料和热能转化设施类型	污染物项目	适用条件	限值	污染物排放监控位置
2	以油为燃料的锅炉或燃气轮机组	烟尘	全部	30	烟囱或烟道
		二氧化硫	新建锅炉及燃气轮机组	100	
			现有锅炉及燃气轮机组	200	
		氮氧化物（以 NO_2 计）	新建燃油锅炉	100	
			现有燃油锅炉	200	
			燃气轮机组	120	
3	以气体为燃料的锅炉或燃气轮机组	烟尘	天然气锅炉及燃气轮机组	5	
			其他气体燃料锅炉及燃气轮机组	10	
		二氧化硫	天然气锅炉及燃气轮机组	35	
			其他气体燃料锅炉及燃机	100	
		氮氧化物（以 NO_2 计）	天然气锅炉	100	
			其他气体燃料锅炉	200	
			天然气燃气轮机组	50	
			其他气体燃料锅炉及燃气轮机组	120	
4	燃煤锅炉，以油、气体为燃料的锅炉或燃气轮机组	烟气黑度（林格曼黑度，级）	全部	1	烟囱排放口

* 位于广西、重庆、四川和贵州的火力发电锅炉执行该限值。

** 采用 W 型火焰炉的火力发电锅炉，现有循环流化床火力发电锅炉，以及 2003 年 12 月 31 日前建成投产或通过建设项目环境影响报告书审批的火力发电锅炉执行该限值。

重点区域（具体范围见 1.3.2 小节的相关注释）按表 2–4 规定的标准执行。

表 2-4　　重点地区大气污染物特别排放限值

mg/m³（烟气黑度除外）

序号	燃料和热能转化设施类型	污染物项目	适用条件	限值	污染物排放监控位置
1	燃煤锅炉	烟尘	全部	20	烟囱或烟道
		二氧化硫	全部	50	
		氮氧化物（以 NO_2 计）	全部	100	
		汞及其化合物	全部	0.03	
2	以油为燃料的锅炉或燃气轮机组	烟尘	全部	20	
		二氧化硫	全部	50	
		氮氧化物（以 NO_2 计）	燃油锅炉	100	
			燃气轮机组	120	
3	以气体为燃料的锅炉或燃气轮机组	烟尘	全部	5	
		二氧化硫	全部	35	
		氮氧化物（以 NO_2 计）	燃气锅炉	100	
			燃气轮机组	50	
4	燃煤锅炉，燃气轮机组	烟气黑度（林格曼黑度，级）	全部	1	烟囱排放口

2013 年 2 月 27 日发布的《中华人民共和国环境保护部公告》(2013 年第 14 号）要求，重点区域内的新建火电项目自 2013 年 4 月 1 日起执行上述限值标准，现有火电企业于 2014 年 7 月 1 日起执行上述烟尘排放标准。

2.2.1　二氧化碳治理状况

二氧化碳是温室气体的主要成分，破坏臭氧层将导致全球变暖。火电行业是二氧化碳的排放大户，其排放量约占总排放量的 1/3。由于没有关于我国火电行业二氧化碳排放量的权威统计数据，笔者等人参考联合国政府间气候变化专门委员会（Intergovernmental Panel on Climate Change，IPCC）第一层级（TIER 1）计算方法估算了 1999—2010 年间的我国火电行业二氧化碳排放量。计算式为

$$\begin{aligned} C_i &= f(E_{ij}) \\ f(E_{ij}) &= \sum a_j E_{ij} \\ a_j &= \left(\frac{44}{12}\beta_j \delta_j\right) P_j \end{aligned} \tag{2-5}$$

式中 C_i ——第 i 年二氧化碳排放量；

E_{ij} ——第 i 年 j 种能源消费总量；

a_j ——第 j 种能源的二氧化碳排放系数，参考 IPCC（2006 年）评估报告给出的系数；

44/12 ——二氧化碳转换系数；

β_j —— j 种能源含碳因子；

δ_j —— j 种能源的碳氧化因子；

P_j ——我国 j 种能源的低位发热量。

根据计算结果，我国及美国的火电行业二氧化碳排放量如图 2-8 所示。从图 2-8 中可以看出，美国的火电行业二氧化碳排放量处于稳中有降的趋势，而我国火电行业二氧化碳排放量仍然呈现快速增长趋势，从 1999 年的 9.83 亿 t 上升到 2010 年的 27.4 亿 t，并且于 2009 年超过了美国。

2009 年 9 月，时任国家主席胡锦涛在联合国气候变化峰会开幕式上对全世界作出庄严承诺：中国力争于 2020 年之前将单位国内生产总值的二氧化碳排放量比 2005 年降低 40%～45%。《国民经济和社会发展“十二五”规划纲要》提出，“十二五”期间单位国内生产总值二氧化碳排放量降低 17%。2014 年 11 月，习近平主席和美国总统奥巴马共

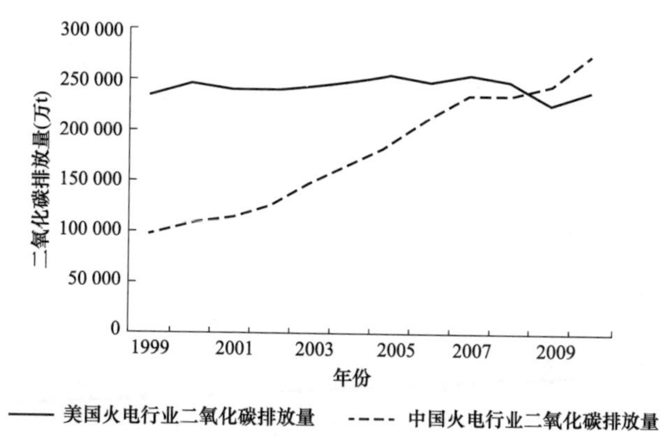

图 2-8 中国与美国火电行业二氧化碳排放量对比

同发表声明，中国的温室气体排放将于 2030 年左右达到峰值，美国则承诺 2025 年温室气体排放量较 2005 年下降 1/4 左右。为兑现这些庄严承诺，大幅减少火电行业的二氧化碳排放量是必不可少的措施之一。就具体举措而言：一方面是大力发展水电、风电、太阳能发电等非化石能源，以减少煤炭等化石能源消耗量；另一方面是采取措施对火电企业的二氧化碳排放进行治理，努力减少排放量。

目前国内外对火电企业二氧化碳排放的治理手段一般都是采用碳捕集与封存技术（carbon capture and storage，CCS），其中效率较高、技术较为成熟的碳捕集方法是醇胺吸收法，运用较为广泛且符合我国实际情况的二氧化碳封存方法是油气层封存，即把二氧化碳注入到废弃的油气层或现有油气层，以达到驱油提高油产量的目的。2008 年 7 月华能北京热电厂 3000t/年烟气二氧化碳捕集实验示范工程投入运行，之后中电投重庆合川电厂、华能上海石洞口第二电厂先后采用了此技术。此外，整体煤气化联合循环（integrated gasification combined cycle，IGCC）是一种应用前景比较广泛的洁净煤发电技术，可以在煤炭气化后燃烧前将二氧化碳分离，以达到减少二氧化碳排放的目的。由华能集团联合大唐、华电、国电等国内大型发电集团及美国博地能源公司共同建设的天津 IGCC 示范工程已于 2012 年 12 月投产发电。

2.2.2 烟尘治理状况

目前国内外燃煤电厂普遍采用的除尘装置有静电除尘器、布袋除尘器和电袋复合除尘器，三种除尘方式各有利弊，具体的技术经济比较见表 2–5。静电除尘器是比较传统的一种除尘设备，在火电企业中运用得比较广泛，但由于静电除尘器存在受粉尘特性影响较大、对超细粉尘的捕集效果差、容易引起二次扬尘等问题，难以满足最新的环保排放限值要求，越来越多的火电企业选择布袋除尘器或电袋复合除尘器。最近两年，为进一步促进煤炭清洁化利用，实现燃煤机组污染物排放达到或接近燃气机组水平的目标［粉尘排放浓度低于 5mg/m^3（标况）］，部

表 2–5　三种除尘器的技术经济比较

比较项目	静电除尘器	布袋除尘器	电袋复合除尘器
技术优点	能够以较小的能量去除绝大部分烟尘，具有粗细分除的功能，除尘效率一般可达 99.7%以上；压力损失小；利于灰的综合利用	煤种适应性强，不受燃料变化、粉尘浓度和烟气成分的影响；粗细尘全收，除尘效率高，一般可达 99.9%以上；占地空间小	前级采用静电除尘器，后级采用布袋除尘器，将两种除尘技术的优点有机结合为一体
粉尘特性对除尘效率的影响	影响大，特别是电阻率高的粉尘很难捕捉	只要所选择的滤料合适，几乎不受影响，能捕集电阻率高、电除尘难以回收的粉尘	几乎不受影响
排放浓度	现阶段很难达到 50mg/m^3	在正常运行的条件下，能保证小于 30mg/m^3	在正常运行的条件下，能保证小于 30mg/m^3
对超细粉尘的捕捉	对 1～5μm 超细粉尘和重金属的捕集效果差	对 1～5μm 超细粉尘和重金属的捕集效果好	对 1～5μm 超细粉尘和重金属的捕集效果好
经济性	初期投资大	初期投资比电除尘略小，运行费用高	初期投资略高

分燃煤机组开始采用低低温静电除尘或湿式静电除尘等超低排放技术，进一步降低了粉尘的排放水平。

通过各级政府和火电企业多年的共同努力，我国火电行业除尘工作取得了显著成效。图 2–9 反映了 2004 年以来我国火电行业烟尘排放量与排放绩效的情况。从图 2–9 中可以看出，2005 年我国火电行业烟尘排放量与排放绩效同时达到最大值，此后开始大幅下降，2012 年的排放量比 2005 年下降了 62.2%，排放绩效仅为 2005 年的 19.9%。火电行业烟尘排放量与脱除量的对比见图 2–10。从图 2–10 中可以看出，我国火电行业烟尘的脱除比例不断提高，2005 年以前为 97%以上，2006—2007 年达到 98%以上，2008 年以来高达 99%以上。与 2011 年相比，2012 年烟尘排放量和脱除量均有所下降，主要原因是 2012 年经济增速开始放缓，加之全国水电站来水普遍较好，火电发电量仅比 2011 年增长了 0.65%，在发电煤耗同比下降 3g/（kW·h）的情况下，全国火电行业消耗原煤量同比下降了 1.6%，因而导致烟尘的总产生量出现

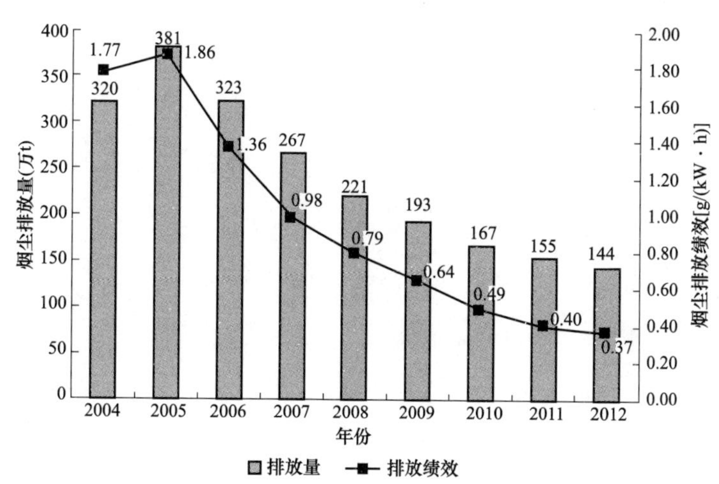

图 2–9　我国火电行业烟尘排放量与排放绩效

注：环保数据来源于历年《中国环境统计年报》，发电量数据来源于历年《电力工业统计资料汇编》，没有查阅到 2004 年以前关于火电行业烟尘排放量的权威统计资料。

小幅下降。后面关于二氧化硫和氮氧化物的分析也充分体现了这一特点。

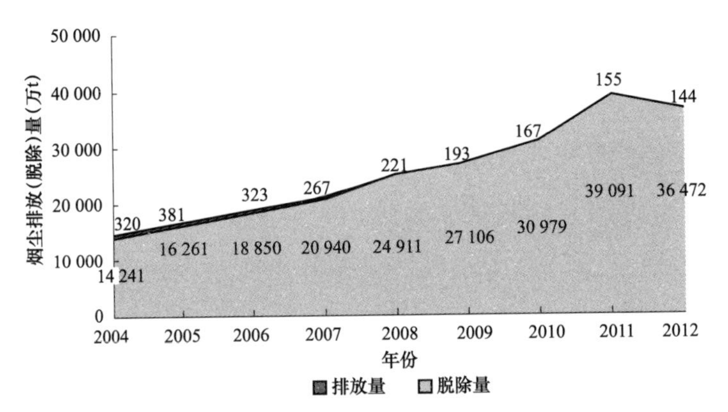

图 2–10　我国火电行业烟尘排放量与脱除量的对比

2.2.3　二氧化硫治理状况

目前，世界上脱硫工艺有数百种，但在火电行业得到实际应用的烟气脱硫工艺仅有 10 余种，其中使用较为广泛的主要有石灰石—石膏湿法、旋转喷雾半干法、烟气循环流化床半干法、活性焦干法、炉内喷钙加尾部烟道增湿活化法、电子束烟气法、海水法及湿式氨法、镁法等。其中，石灰石—石膏湿法烟气脱硫工艺是目前世界上应用最为广泛、技术最为成熟的脱硫工艺，该工艺采用石灰石作为脱硫吸收剂，加水制成石灰石浆液，利用石灰石浆液吸收烟气中的 SO_2。该工艺的优点是脱硫效率高，石灰石来源丰富，石膏综合利用率高，运行可靠性高等；缺点是初始投资相对较大，耗水量与干法和半干法脱硫工艺相比较大等。目前我国主要采用石灰石—石膏湿法烟气脱硫工艺，少数沿海电厂选择海水脱硫工艺，循环流化床机组一般采用炉内脱硫，在“三北”严重缺水地区也有部分电厂拟采用干法或半干法脱硫工艺。2013 年底我国火电行业烟气脱硫技术分布见图 2–11。

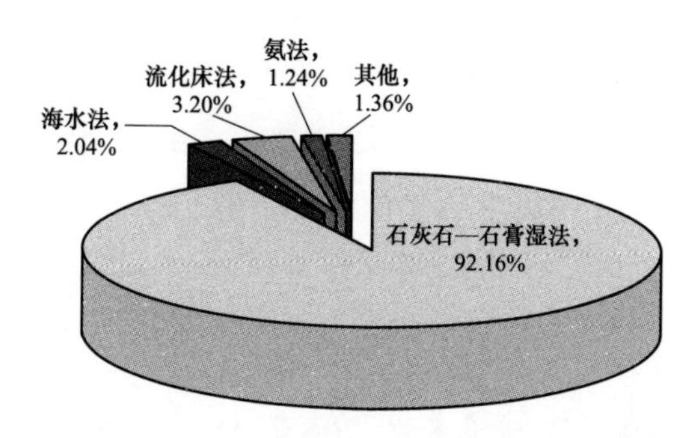

图 2–11　2013 年底我国火电行业烟气脱硫技术分布

"十一五"以来，我国不断加大火电行业二氧化硫排放治理的工作力度（天然气的硫含量极低，燃气机组一般不用采取特殊的脱硫措施，因此主要是针对燃煤机组），一方面强制要求现役机组进行脱硫改造，另一方面要求新建机组必须同步建设脱硫设施，同时辅之以行政、经济等综合手段，多措并举、"铁腕治硫"，取得了显著成效。截至 2013 年底，我国脱硫火电机组容量达到 7.2 亿 kW，占全部煤电机组容量的比重达到 90.5%，比 2005 年提高了约 77 个百分点。2005 年以来我国火电行业脱硫机组占煤电机组的比重见图 2–12。

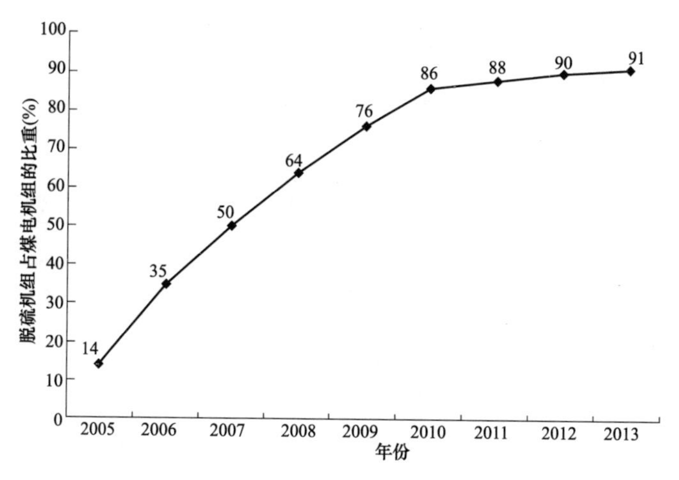

图 2–12　2005 年以来我国火电行业脱硫机组占煤电机组的比重

得益于脱硫机组比重和脱硫效率双提高，我国火电行业二氧化硫排放量自2006年开始出现大幅下降。2004—2012年我国火电行业二氧化硫排放量与排放绩效见图2-13。从图2-13中可以看出，我国火电行业二氧化硫排放绩效于2005年达到最大值［5.44g/（kW·h）］，排放量于2006年达到最大值（1155万t），此后两者均开始快速下降。2012年我国火电行业二氧化硫排放量为706万t，与2005年相比，在火电发电量增长了92.1%的情况下，二氧化硫排放量下降了36.5%，脱除量增长了9.4倍，二氧化硫排放绩效从5.44g/（kW·h）降为1.8g/（kW·h）。我国火电行业二氧化硫排放量与脱除量的对比见图2-14。

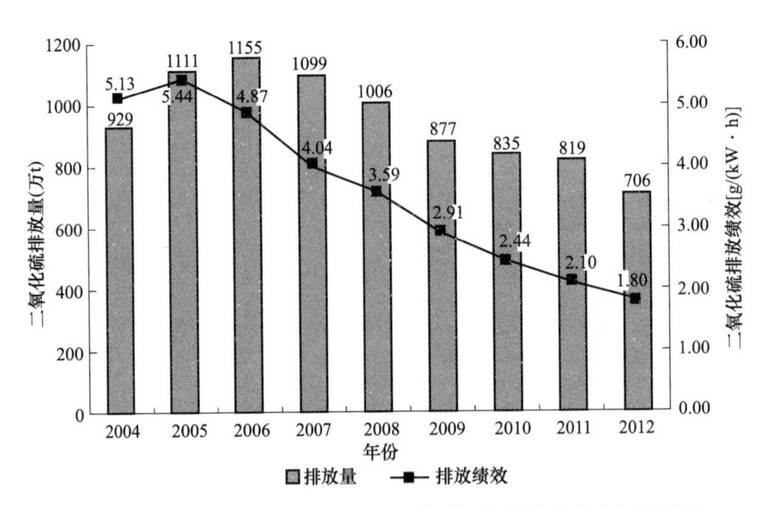

图2-13　我国火电行业二氧化硫排放量与排放绩效

注：环保数据来源于历年《中国环境统计年报》，发电量数据来源于历年《电力工业统计资料汇编》，没有查阅到2004年以前关于火电行业二氧化硫排放量的权威统计资料。

2.2.4　氮氧化物治理状况

氮氧化物主要包括NO、NO_2、N_2O、N_2O_3、N_2O_4、N_2O_5等，煤炭燃烧过程中产生的氮氧化物主要是NO和NO_2，其中NO占90%以上。

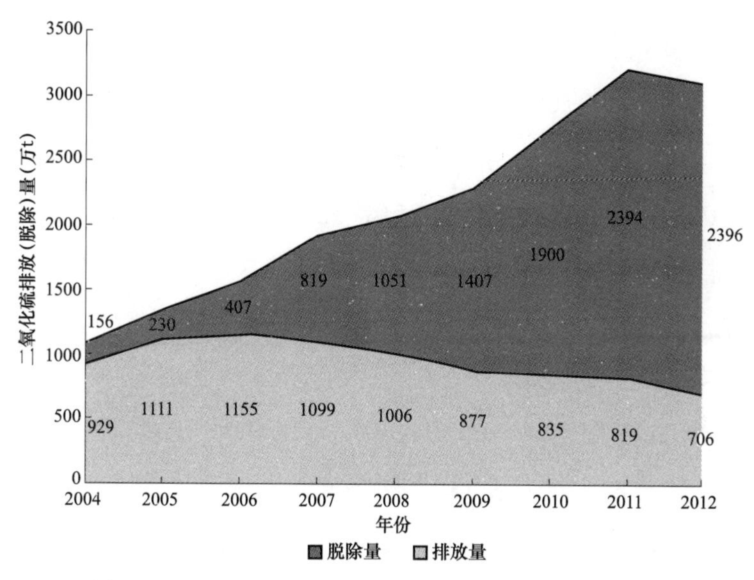

图 2-14　我国火电行业二氧化硫排放量与脱除量的对比

氮氧化物是酸雨的重要成分，也是形成光化学烟雾❶的重要因素，破坏臭氧层和大气环境，对人体健康和动植物成长均有较大影响。受认识和技术的局限，我国火电行业氮氧化物的治理工作起步相对较晚。我国于1996年发布的《火电厂大气污染物排放标准》（GB 13223—1996）中首次对新建的 1000t/h 燃煤锅炉规定了氮氧化物的排放浓度限值为 650mg/m^3（固态排渣）和 1000mg/m^3（液态排渣），但并未严格执行。2000 年 9 月 1 日起施行的《中华人民共和国大气污染防治法》第三十条规定“企业应当对燃料燃烧过程中产生的氮氧化物采取控制措施”。2003 年新修订的《火电厂大气污染物排放标准》（GB 13223—2003）要求自 2004 年 1 月 1 日起新建和改、扩建的火电项目一律按照第三时段的排放浓度限值执行，即按照燃煤机组的燃煤干燥无灰基挥发分（V_{daf}）

❶ 光化学烟雾是指排入大气中的氮氧化物或碳氢化合物在太阳光的照射下，发生一系列的光化学反应而形成的白色、蓝色等有色烟雾，其成分复杂，主要包括臭氧、醛、酮等，具有特强气味和强氧化性，危害比一次污染物更强烈。

不同分别执行 450～1100mg/m³ 的排放浓度限值。2003 年 7 月 1 日起施行的《排污费征收使用管理条例》（国务院第 369 号令）以及《排污费征收标准管理办法》规定自 2004 年 7 月 1 日起对氮氧化物按照每一污染当量 0.6 元征收排污费。2005 年 12 月，国务院《关于落实科学发展观，加强环境保护的决定》（国发〔2005〕39 号）提出制订燃煤电厂氮氧化物治理规划，开展试点示范。这一系列法律法规的出台极大地促进了我国火电行业氮氧化物的治理工作，新建火电机组大部分采取低氮燃烧技术，同时预留建设脱硝设施的空间，部分电厂开始进行同步建设脱硝设施的试点工作。2011 年新修订的《火电厂大气污染物排放标准》（GB 13223—2011）将我国火电行业的氮氧化物排放标准提高了数倍，达到甚至超过欧美等发达国家和地区的标准。主要国家（地区）的氮氧化物排放标准见图 2-15。

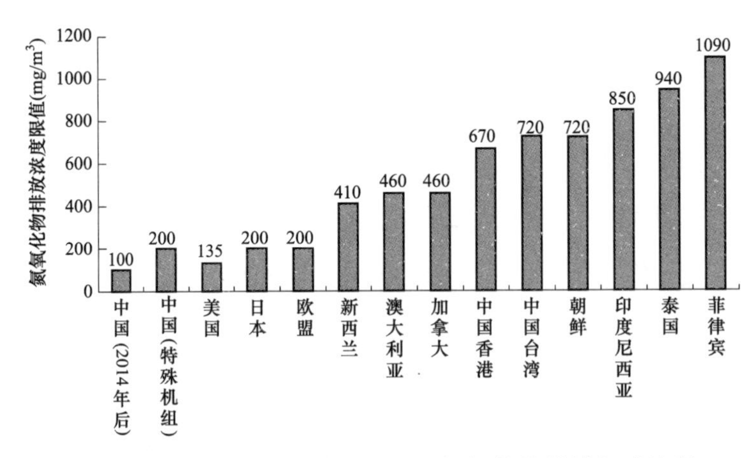

图 2-15　主要国家（地区）氮氧化物排放标准比较

“十一五”中后期，我国火电行业开始掀起氮氧化物治理的高潮，包括对现役火电机组进行脱硝设施改造和新建及改、扩建火电机组同步建设脱硝设施，具备脱硝能力的火电机组规模迅速扩大，占煤电机组的比重迅速提高。2007 年 10 月 23 日国内首批同步建设脱硝设施的火电机组之一在湖南长沙电厂建成投产，之后新建火电机组大部分采取了同步建设脱硝设施的措施，带动我国脱硝火电机组规模迅速扩大，2011 年和 2012 年累计增长了约 1.4 亿 kW，2013 年当年增长约 2 亿 kW。到 2013 年底全国已投运脱硝火电机组总容量约 4.3 亿 kW，约占全国火电机组的 49.42%。我国 2005—2013 年脱硝机组容量及占火电机组的比重见图 2–16。

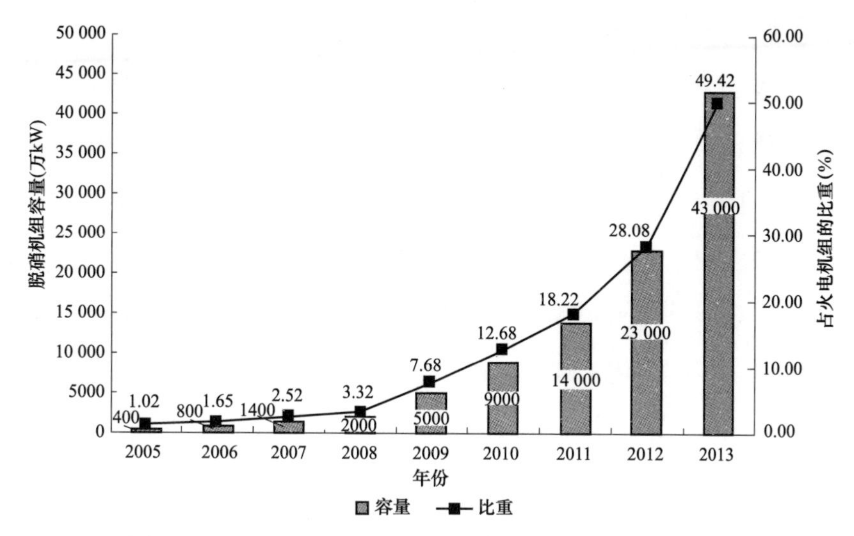

图 2–16　我国火电行业脱硝机组容量及占火电机组的比重

根据《火电厂大气污染物排放标准》（GB 13223—2011）及《国务院关于印发大气污染防治行动计划的通知》（国发〔2013〕37 号）等文件的规定，2014 年 7 月 1 日之前所有现役火电机组均要达到排放标准，意味着还有约 4.4 亿 kW 的现役火电机组需要集中进行脱硝改造，任务十分艰巨。为提高发电企业的积极性，2011 年 11 月国家发展改革委出台了燃煤发电机组试行脱硝电价政策，对北京、天津、河北、山西、山东、上海、江苏、浙江、福建、广东、海南、四川、甘肃、宁夏等 14 个省（区、市）符合国家政策要求的燃煤发电机组，上网电价在现行上网电价基础上增加 8 元/（MW・h），用于补偿企业脱硝成本。2012 年 12 月 28 日，国家发展改革委印发《关于扩大脱硝电价政策试点范围有关问题的通知》（发改价格〔2012〕4095号），决定自2013年1月1日起将脱硝电价试点范围由现行14个省（区、市）的部分燃煤发电机组扩大为全国所有燃煤发电机组，燃煤发电机组安装脱硝设施、具备在线监测功能且运行正常的，持国家或省级环保部门出具的脱硝设施验收合格文件，报省级价格主管部门审核后，执行脱硝电价，脱硝电价标准仍为8元/（MW·h）。2013年8月，国家发展改革委印发《关于调整可再生能源电价附加标准与环保电价有关事项的通知》（发改价格〔2013〕1651号），明确自2013年9月25日起将燃煤发电企业脱硝电价提高到10元/（MW·h）。

我国自2006年才开始统计火电行业氮氧化物排放情况。根据2006—2012年《中国环境统计年报》和《电力工业统计资料汇编》的数据，我国2006—2012年火电行业氮氧化物的排放量分别为631万、714万、707万、735万、853万、1073万、982万t，排放绩效分别为2.66、2.62、2.52、2.44、2.5、2.75、2.5g/（kW·h）[1]。由此可见，我国火电行业氮氧化物排放总量在2011年以前一直处于上升阶段，于2011年达到峰值；排放绩效则经历了先降后升再降的过程，2009年达到谷底[2.44g/（kW·h）]，此后上升到2011年的历史峰值[2.75g/（kW·h）]；2012年开始排放总量和排放绩效呈现出“双降”的良好态势，这一方面跟前面所述的2012年火电发电量与2011年几乎持平的原因有关，另一方面也与近几年安装脱硝设施的火电机组容量快速增长有关。同

[1] 本书关于我国火电行业氮氧化物排放量的数据有两种统计口径，一是《中国环境统计年报》的抽样调查数据，仅统计了部分重点火电企业；二是国家《节能减排“十二五”规划》中关于2010年的实际数据和2015年的规划数据，是全口径的统计数据。两种口径的数据存在差异，比如2010年的火电行业氮氧化物排放量，前者为853万t（2386家火电企业纳入调查范围），后者为1055万t。本书在做纵向比较以及测算绩效值时，为了可比性，采用前者数据；在分析排放总量及初始分配等内容时采用后者数据。

时，2012 年排放绩效不仅没有恢复到 2009 年的历史最好水平（有统计数据以来），而且与国家规划的到 2015 年达到 1.5g/（kW·h）的目标还有很大差距，这表明我国火电行业氮氧化物治理取得了一定的成绩，但后续的治理任务依然十分艰巨。我国火电行业氮氧化物排放量与排放绩效、排放量与脱除量的对比分别见图 2–17 和图 2–18。

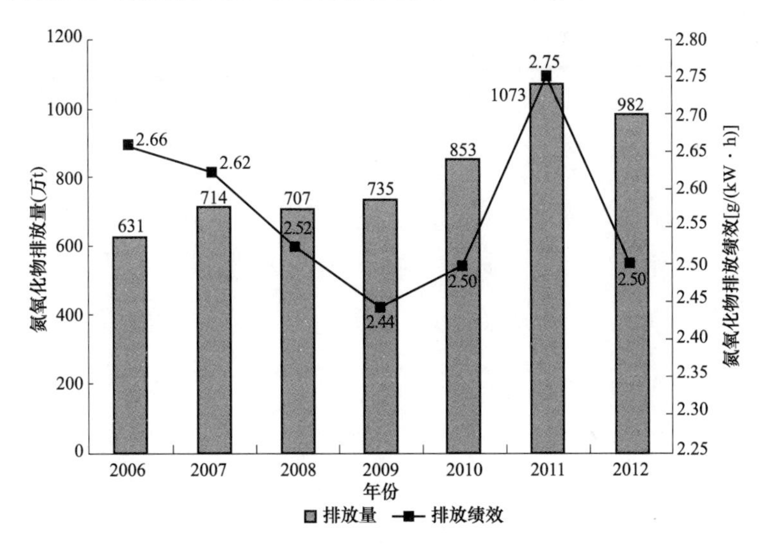

图 2–17　我国火电行业氮氧化物排放量与排放绩效

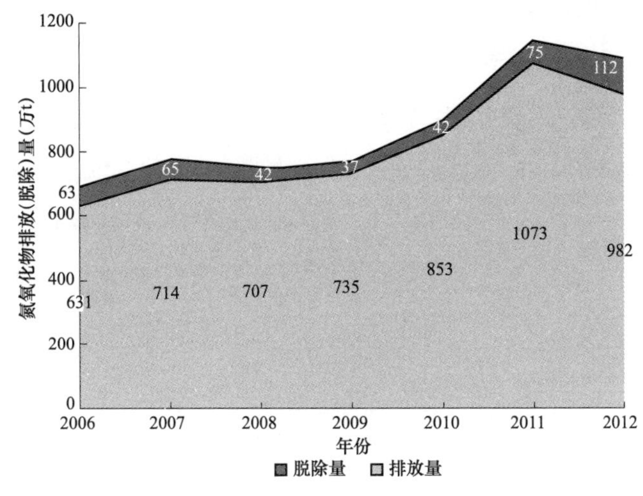

图 2–18　我国火电行业氮氧化物排放量与脱除量的对比

2.3 火电行业氮氧化物治理技术

一般情况下，在煤的燃烧过程中会产生三种类型的氮氧化物：第一种是燃料型氮氧化物，它是燃料中的氮化合物在燃烧过程中热分解后又接着氧化而生成的；第二种是热力型氮氧化物，它是空气中的氮气在高温下氧化而生成的；第三种是快速型氮氧化物，它是燃烧时空气中的氮和燃料中的碳氢原子团反应生成的。其中燃料型氮氧化物生成量占总量的 60%～80%，热力型氮氧化物生成量与燃烧温度有较大关系，若温度足够高能够占到总量的 20%左右，快速型氮氧化物生成量较小。

发达国家于 20 世纪 50 年代就开始研究火电行业氮氧化物治理技术，70 年代开始进入大规模商业化应用。我国于 20 世纪 80 年代开始从国外引进并消化吸收火电行业氮氧化物治理技术，通过深入研究和大规模的工程实践，积累了丰硕的理论成果和丰富的实践经验。目前国内外火电行业氮氧化物治理技术可以分为两大类：一类为低氮氧化物燃烧技术，即在燃烧过程中控制氮氧化物的生成；另一类是烟气脱硝技术，即从烟气中脱除已生成的氮氧化物。

2.3.1 低氮氧化物燃烧技术

低氮氧化物燃烧技术（以下简称“低氮燃烧技术”，low NO_x combustion，LNC）主要是通过采用各种技术手段控制燃烧过程中氮氧化物的产生量，具备低氮燃烧能力的燃烧器叫低氮燃烧器（low NO_x burner，LNB）。由于低氮燃烧技术具有工艺相对简单、投资和运行费用低等特点，发达国家在氮氧化物治理初期一般都广泛采用低氮燃烧技术。我国环境保护部办公厅公布的《火电厂氮氧化物防治技术政策》推荐将低氮燃烧技术作为燃煤电厂氮氧化物控制的首选技术，在氮氧化物排放浓度还不达标或不满足总量要求时，再因地制宜、因煤制宜、因炉制宜地选择技术成熟、经济合理及便于实施的脱硝技术，这也为脱硝改造提供了指导性意见。低氮燃烧技术经过几十年的发展，先后经历了三代技术路线。

第一代低氮燃烧技术主要包括低过量空气系数运行技术、烟气再循环技术和浓淡偏差燃烧技术。低过量空气系数运行技术是尽可能地将燃烧过程中的空气量控制在最佳水平，以降低烟气中的过氧量，从而抑制氮氧化物的生成量。降低过量空气系数不仅有利于抑制氮氧化物的生成，而且有利于降低锅炉的排烟热损失，但过低的过量空气系数容易导致不完全燃烧损失加大，以及飞灰含碳量增加导致锅炉结渣与腐蚀，因此低过量空气系数运行技术的关键和难点在于将过量空气系数控制在合理水平。烟气再循环技术的通常做法是在锅炉的空气预热器前抽取一部分烟气返回锅炉内，利用惰性气体的吸热和氧浓度的减少，使炉内火焰温度降低，从而减少热力型氮氧化物的生成。烟气再循环技术的关键在于控制烟气再循环率[1]，烟气再循环率过大将增加不完全燃烧损失，一般控制在20%～30%为宜。浓淡偏差燃烧技术是燃料在前面一个空气稀薄的燃烧器里进行部分燃烧后，未燃成分进入另一个过浓燃烧器里继续燃烧，降低燃烧速度以减少氮氧化物的生成量。浓淡偏差燃烧技术的关键在于控制前后两个燃烧器的空气比。

第二代低氮燃烧技术主要以空气分级燃烧为代表，该技术通过控制送风方式与送风量，将煤粉燃烧过程分成两个阶段，首先使煤粉进入一个富燃料区，以降低氮氧化物的生成量，燃料完全燃烧所需的其余空气由接下来喷入的燃尽风补充。空气分级燃烧弥补了低过量空气燃烧所导致的不完全燃烧损失和飞灰含碳量增加的缺点，但若两级空气分

[1] 烟气再循环率是指再循环烟气量与未循环烟气量之比。

配比例不合理，或炉内混合条件不好，则同样会增加不完全燃烧损失，同时导致锅炉结渣和受热面腐蚀。因此，分级燃烧技术的关键和难点在于准确控制空气分配比例，在阻止氮氧化物生成的同时又能保证较高的燃烧率。

第三代低氮燃烧技术以空气、燃料同时分级为代表，将空气和燃料分级送入炉膛，通过第二级补充加入部分来还原已经生成的氮氧化物。燃料分级送入可在一次火焰区的下游形成一个低氧还原区，燃烧产物通过此区域时将已经生成的氮氧化物部分还原成氮气。增加还原燃料量有利于氮氧化物的还原，但还原燃料过多会产生不稳定状况，使得一次火焰不能维持其主导作用，最佳比例一般为 20%～30%，用氮含量低、挥发分高的燃料作为还原燃料效果较好。

现代低氮燃烧技术将煤质、制粉系统、燃烧器、二次风及燃尽风等技术作为整体，在锅炉设计与制造时一并予以考虑。低氮燃烧技术尽管具有工艺简单、成本低等优点，但由于脱硝效率低（一般只能达到 50% 左右），而且设计应用不当会导致锅炉效率降低、锅炉结渣和腐蚀等问题，单纯使用低氮燃烧技术对于严格实行污染物排放标准的国家很难满足环保要求，因此该技术只能作为大型火电企业的辅助脱硝手段。

2.3.2 烟气脱硝技术

烟气脱硝技术包括干法烟气脱硝技术和湿法烟气脱硝技术。干法烟气脱硝技术主要有选择性催化还原法（selective catalytic reduction，SCR）、选择性非催化还原法（selective non-catalytic reduction，SNCR）、SNCR/SCR 联合脱硝法。湿法烟气脱硝技术主要包括用已有脱硫设施进行脱硝和洗涤脱硝两种方法。由于湿法烟气脱硝技术系统复杂、用水量大且污染严重，目前应用很少，因此本书重点介绍干法烟气脱硝技术。

选择性催化还原法一般是利用钒系钛基氧化物[1]作为催化剂，以氨或尿素等作为还原剂，在一定温度下利用还原剂的选择性，优先与烟气中的氮氧化物发生化学反应，将氮氧化物还原成无毒无害的氮气和水。该方法的主要优点有：第一，脱硝效率较高，一般能达到70%～90%，在辅之以低氮燃烧技术的情况下，可将氮氧化物的排放水平控制在100mg/m^{3}以下；第二，控制较好时，除氮气和水以外，基本无其他副产物，一般不会造成二次污染。该方法的缺点是由于需采用高灰型布置方式，烟气中所含的飞灰和 SO_2 均通过催化剂反应器，飞灰可能导致催化剂磨损或中毒。此外，高活性的催化剂会将 SO_2 氧化成 SO_3，烟气温度降低时，NH_3 与 SO_3 反应生成硫酸氢铵，导致催化剂反应通道阻塞，或者在反应器尾部的空气预热器换热元件上沉积导致空气预热器堵塞。选择性催化还原法的关键在于还原剂的加入量，加入量过少容易导致氮氧化物脱除效率低，加入量过多又容易导致氨气等逃逸造成二次污染。选择性催化还原法最早于20世纪70年代在日本得到商业化应用，后来在日本、欧洲、美国等发达国家和地区得到广泛应用。目前我国已投运的烟气脱硝设施中95%以上采用的是选择性催化还原法。

选择性非催化还原法是在锅炉内加入氨或尿素等还原剂，使它们在没有催化剂的情况下与烟气中的氮氧化物发生化学反应，将氮氧化物还原成无毒无害的氮气和水。选择性非催化还原法由于不采用催化剂，因此其反应温度高于选择性催化还原法，一般发生在900～1100℃的温度范围内，当温度超过此范围时 NH_3 被氧化为 NO_x，低于此范围时 NO_x 反应效率降低，因此在选择性非催化还原法中温度控制是至关重要的。该方法的优点是反应装置在锅炉内部，占用场地相对较少，成

---

[1] 五氧化二钒（V_2O_5）为活性成分，二氧化钛（TiO_2）为载体。

本较低（一般只有选择性催化还原法的 20%左右），但缺点是温度控制比较困难，氮氧化物脱除效率较低（一般为 30%～60%），因此比较适合于现役小机组的脱硝技术改造。

SNCR/SCR 联合脱硝法是将选择性催化还原法和选择性非催化还原法结合使用，炉内使用 SNCR 降低了 SCR 的入口浓度，可以减少 SCR 的催化剂使用量，同时 SCR 利用 SNCR 逃逸的氨气作为还原剂，降低投资和运行费用，问题是目前该方法在国内外的应用案例还很少，脱硝成本和效率存在不确定性。

此外，还有电子束照射法和活性炭脱硝法等干法烟气脱硝技术，但应用较少。

各火电企业的脱硝工程具体采用何种烟气脱硝工艺和技术，必须因地制宜、因煤制宜、因炉制宜，结合达标排放要求，进行技术经济比较后确定。

选择性催化还原法和选择性非催化还原法脱硝的技术经济指标比较见表 2–6。截至 2013 年底，我国主要脱硝公司已投运烟气脱硝机组中各种脱硝技术的比例见图 2–19。

表 2–6　选择性催化还原法和选择性非催化还原法脱硝的技术经济指标比较

比较项目	选择性催化还原法脱硝	选择性非催化还原法脱硝
催化剂种类	V_2O_5/T_iO_2 等	无催化剂
催化剂价格	较贵	无
催化剂再生	能	无
还原剂种类	液氨、尿素、氨水	氨水、液氨、尿素
还原剂用量	中等	较多
反应温度	300～400℃	900～1100℃

续表

比较项目	选择性催化还原法脱硝	选择性非催化还原法脱硝
副产品	无	无
脱硝效率	70%～90%	30%～60%
占地面积	中等	小
工程造价	中等	小
工程应用情况	多	少

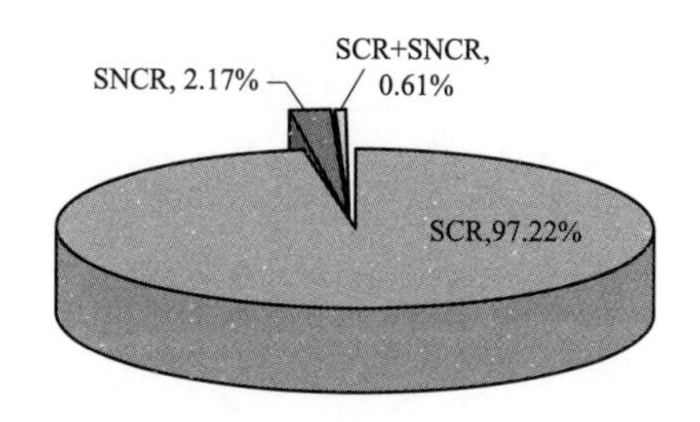

图 2-19　2013 年底我国火电行业主要脱硝技术比例

无论是采用 SCR 还是 SNCR 方法，均需使用还原剂。目前可供选择的还原剂主要有液氨、氨水和尿素三种。使用液氨作为还原剂，首先是液氨从氨罐依次进入蒸发器和缓冲罐，经减压后与空气混合，再喷入烟道中。液氨的优点是系统简单、技术成熟、造价较低，缺点是液氨为危险品，易爆炸，有毒且具有腐蚀性，国家对液氨的运输、储存等均有严格要求。使用氨水作为还原剂，首先是氨水从氨罐经雾化喷嘴进入高温蒸发器，蒸发后的氨被直接喷入烟道中。氨水的特性与液氨基本类似，此方法由于能源消耗和成本均较高，目前应用很少。尿素是一种改良后的还原剂，首先将尿素采用热解或水解法分解成氨气，然后输送至 SCR 触媒反应器，尿素无毒，无危险，易于运输和储存，但由于尿素本身是由氨合成的，然后又分解成氨，能耗高，经济性差，设备投资高。

综合来看，液氨使用面最广，尿素适用于城市周边或人口稠密地区的电厂使用，氨水使用最少。三种还原剂的技术经济特性比较见表 2–7。

表 2–7　　不同脱硝还原剂的技术经济特性比较

比较项目	液氨	氨水	尿素
还原剂成本	便宜	贵	最贵
运输成本	贵	较贵	便宜
安全性	有毒	有毒	无毒
储存条件	高压	常压	常压、干态
储存方式	便宜	贵	贵
初期投资费用	便宜	贵	贵
运行费用	便宜	贵	贵
设备安全要求	需要	需要	基本不需要

2.4 实施氮氧化物排污权交易的必要性

通过本章对我国火电行业发展与污染物治理状况的分析，结合第 1 章的相关研究结论，可以看出在我国火电行业实施氮氧化物排污权交易的必要性主要体现在以下几个方面：

第一，实施氮氧化物排污权交易是我国火电行业生产力发展阶段的必然产物。排污权交易起源于美国，目前在欧洲、美国以及日本等经济发达国家和地区得到了广泛应用。我国自新中国成立以来经过半个多世纪的快速发展，电力工业取得了举世瞩目的成就，特别是火电行业无论生产能力还是技术水平均已跃居世界前列，生产力已得到极大的发展。排污权交易作为一种被发达国家实践所证明的先进的制度安排，属于生产关系的范畴，我国理应充分学习和借鉴。自 20 世纪 90

年代引入排污权交易以来，我国在二氧化硫、化学需氧量、二氧化碳等污染物治理方面进行了试点，积累了一些宝贵的经验，但从实践层面来看与电力工业的生产力发展水平并不相称，没有充分发挥出排污权交易在火电行业污染物治理方面应有的作用。实施火电行业氮氧化物排污权交易，有助于使生产关系与生产力发展水平相适应，进一步促进火电行业生产力发展。

第二，实施氮氧化物排污权交易是实现我国火电行业氮氧化物治理目标的现实要求。在我国火电行业的四种主要污染物中，烟尘和二氧化硫治理已经取得了显著成效，二氧化碳受捕捉与利用技术的限制尚不能做到大规模治理，氮氧化物治理由于起步较晚目前排放绩效仍然处于较高水平。为改善日益严峻的环境污染状况，我国政府针对火电行业制定了十分严格的氮氧化物排放浓度限值规定和明确的氮氧化物治理目标，任务非常艰巨。在火电行业实施氮氧化物排污权交易，不仅有利于最大限度地激发火电企业进行氮氧化物治理的积极性和主动性，而且可以起到节约治理成本的作用，对于促进我国火电行业氮氧化物治理目标如期实现具有十分重要的意义。

第三，实施氮氧化物排污权交易是氮氧化物治理技术与经济手段的有机融合。目前国内外关于火电行业氮氧化物治理的技术已经相对成熟，采用低氮燃烧技术和选择性催化还原法等联合治理技术可以将脱硝效率提高到 80%以上，对现役火电机组进行脱硝设施改造以及对新建火电机组同步建设脱硝设施，无疑将是我国火电行业氮氧化物治理的主要手段。然而，单纯依靠行政手段强制推进脱硝技术改造和升级，边际效用将呈明显的递减趋势，边际治理成本将不断加大。排污权交易作为一种行之有效的经济手段，随着我国火电行业氮氧化物治理水平不断提高而逐步加大其发挥作用的空间，可以有效弥补氮氧化物治理技术的递减效应，实现技术与经济手段的有机融合，反过来促进治理技术进一步升级。

第四，实施氮氧化物排污权交易是治理雾霾、改善空气质量的有效手段。近几年以来，随着工业化、城镇化进程不断加快，我国雾霾天气日益频发，而且范围越来越广，持续时间越来越长，不仅严重危害了人民群众的身体健康，而且造成了不良的国际影响。加快雾霾治理、改善空气质量，已成为各级党委、政府的重大责任和人民群众的殷切期望。雾霾形成的原因较为复杂，主要成分包含多种，但从目前的研究成果来看，氮氧化物是其主要成分之一，而且在阳光照射下氮氧化物极易与空气中的其他污染物发生化学反应，生成危害更大的二次污染物，形成光化学烟雾。实施氮氧化物排污权交易制度，不仅能促进火电行业氮氧化物治理，降低高空氮氧化物排放水平，而且还能带动城市内部分散燃煤小锅炉安装脱硝设施或直接关停，减少城市低空氮氧化物排放水平，从而大大降低空气中的氮氧化物浓度，降低雾霾形成的几率，改善空气质量。

本 章 小 结

本章先后研究了我国火电行业的发展状况以及主要污染物的治理与排放情况，重点介绍了火电行业氮氧化物治理的主要技术，对火电行业实施氮氧化物排污权交易的必要性进行了深入分析。主要结论如下：

第一，近年来我国火电比重有所降低，但其在电源结构中的主体地位短期内难以改变。进入 21 世纪以来，我国不断加大水电、风电和太阳能发电等可再生能源的开发力度，火电比重有所下降；同时新建火电机组基本上都是 60 万 kW 级或 100 万 kW 级超超临界的高效环保型机组（热电联产机组除外），机组的发电煤耗、厂用电率等技术经济指标有了大幅提升。但由于受到我国一次能源禀赋的影响，在未来很长一段时间将很难改变火电在电源结构中的主体地位，经济发展和能源资源约束、环保瓶颈制约三者之间的矛盾将越来越突出。

第二，我国火电行业污染物排放的治理工作取得了显著成效，但氮氧化物治理还任重道远。为加强生态环境保护，全面建成小康社会，我国高度重视火电行业污染物排放的治理工作，多次修订《火电厂大气污染物排放标准》，将相关标准提高到了达到甚至超过发达国家的水平，同时颁布了一系列的法律法规来强制推动火电行业加大污染物治理力度，烟尘、二氧化硫等火电行业主要污染物的排放绩效有了明显降低，为全国节能减排作出了重要贡献。但由于受认识和技术水平的限制，氮氧化物的治理工作起步相对较晚，截至 2013 年底我国已安装脱硝设施的机组容量仅占全国火电机组总容量的 50%左右，火电行业氮氧化物排放绩效仍然处于较高水平，我国火电行业氮氧化物排放的治理工作任重道远。

第三，严格的氮氧化物排放浓度限值对脱硝技术选择提出了更高的要求。目前国内外关于火电机组脱硝的技术有很多种，且大多数都已比较成熟，但这些技术各有利弊，且适用的条件不尽相同，迄今为止选择性催化还原法（SCR）在我国火电行业运用最为广泛。按照《火电厂大气污染物排放标准》（GB 13223—2011）的规定，我国大部分地区火电企业的氮氧化物排放浓度必须控制在 100mg/m^3 以内，单纯采用 LNB、SCR 或 SNCR 的方法均难以满足这一要求，必然导致越来越多的电厂必须同时采用两种或两种以上技术（LNB+SCR 或 SNCR+ SCR）进行脱硝，以提高脱硝效率，但同时将引起成本上升。

第四，在火电行业实施氮氧化物排污权交易对于实现治理目标是十分必要的。依靠行政手段强制推进脱硝技术改造和升级对于迅速降低氮氧化物排放水平是必要的，但氮氧化物治理技术的边际效用将呈现明显的递减趋势。在加大资金和技术投入的同时，实施氮氧化物排污权交易并逐步加大其作用的空间，既是适应我国火电行业生产力发展水平的需要，也是节约治理成本和促进治理技术进步的需要，对于促进中国火电行业氮氧化物治理目标如期实现、改善空气质量具有非常重要的作用。

3 火电行业实施氮氧化物排污权交易的经济性

根据微观经济学中新古典学派的厂商理论，厂商利润最大化的基本原则是边际成本等于边际收益。在实施排污权交易的情况下，如果不考虑政府干预等非市场因素，任何一家理性的火电企业都会将其氮氧化物的脱除量控制在边际成本与边际收益相等的水平，实际排放数量与初始分配数量的差额部分将通过排污权交易解决，排污权交易价格则主要由社会平均边际治理成本所决定，由此可见火电行业氮氧化物排污权交易的数量和价格均与治理成本和收益息息相关。因此，本章将从经济学的角度出发，重点研究火电行业氮氧化物治理成本与收益，推导最佳脱除量计算模型，并进一步引申到脱硝电价等相关领域，为后续深入研究火电行业氮氧化物排污权交易的相关问题奠定基础。

3.1 治理成本

3.1.1 总成本

根据 1.1.1 介绍的厂商理论，总成本（TC）由固定成本（TFC）和变动成本（TVC）两大部分构成。火电企业氮氧化物治理的固定成本主要包括固定资产折旧费、设备维护费、人工成本、财务费用、保险费用等，变动成本主要包括还原剂费用、催化剂费用、电费、蒸汽费、水费等。

（一）固定成本（TFC）

火电企业氮氧化物治理的固定成本主要是指在一定时间内不会随着氮氧化物脱除量变化而变化的各项成本费用，比如固定资产折旧费、设备维护费、人工成本、财务费用、保险费用等，即使在发电机组停运的情况下照样会发生，且一般情况下金额也不会因此而减少，因此这些成本被视为固定成本。

（1）固定资产折旧费。

固定资产在使用过程中一般会产生以下两种形式的损耗：① 有形损耗，包括自然损耗和使用损耗（又称机械损耗）；② 无形损耗，包括由于劳动生产率提高造成的价格损耗和由于技术进步造成的效能损耗。因此，固定资产折旧费是指固定资产因为损耗而逐渐转移到生产成本或费用之中的那部分价值。

中国会计制度所规定的固定资产折旧方法比较多，但火电企业固定资产折旧一般采用平均年限法。平均年限法又称直线折旧法，是指将某项或某类固定资产的折旧总额，按照其预计的使用年限平均分摊到每一年的折旧方法。其计算式为

$$H=\frac{C-(F_1-F_2)}{n} \tag{3-1}$$

式中 H——固定资产年折旧额；

C——固定资产原值；

F_1——预计的固定资产残值收入；

F_2——固定资产清理费用；

n——固定资产折旧年限。

火电企业氮氧化物治理的固定资产原值一般是指建设脱硝设施的动态总投资。动态总投资的计算式为

动态总投资＝静态总投资＋建设期贷款利息＋价差预备费　　(3-2)

根据原国家计委《关于加强对基本建设大中型项目概算中“价差预备费”管理有关问题的通知》（计投资〔1999〕1340号）规定，价差预备费按零计算，因此动态总投资可以简化为

动态总投资＝静态总投资＋建设期贷款利息　　(3-3)

静态总投资是指在没有考虑资金时间价值时的总投资水平，一般由建筑工程费、安装工程费、设备购置费和其他费用四部分构成。其他费用主要包括建设场地征用及清理费、项目管理费、技术服务费、调试及整套启动试运费、生产准备费、基本预备费等。根据《财政部、国家税务总局关于全国实施增值税转型改革若干问题的通知》（财税〔2008〕170号），自2009年1月1日起，在维持现行增值税税率不变的前提下，允许全国范围内的所有增值税一般纳税人抵扣其新购进设备所含的进项税额。按照此规定，火电企业进行脱硝设施改造或同步建设脱硝设施时，可以按照17%的增值税率对设备购置费进行抵扣，因此在实际计算脱硝设施的固定资产原值时应从静态总投资中将该部分扣除。

预计的固定资产残值收入扣除固定资产清理时发生的费用（F_1-F_2）就是固定资产残值。为简便起见，一般按照固定资产原值的5%计算火电企业脱硝设施的残值。

火电企业脱硝设施的折旧年限一般按15年计算。

（2）设备维护费。

设备维护费又称设备修理费，是指为了维持脱硝设施的正常运转和使用，充分发挥其效能而进行各种修理和维护所发生的费用。脱硝设施的年设备维护费一般按照静态总投资的2%计提。

（3）人工成本。

人工成本由人员工资和福利费两部分构成。人员工资是指直接支

付给相关职工的劳动报酬总额，福利费一般按照工资总额的一定比例提取。人员工资及福利费因不同区域和不同企业而异。

（4）财务费用。

财务费用是指脱硝设施运行期间每年应支付的利息，包括长期贷款利息、短期贷款利息和流动资金贷款利息。

（5）保险费用。

保险费用主要是指固定资产保险，在未明确保险公司或保险合同未作明确约定的情况下，一般按固定资产净值的 0.25%计提。由于在总成本中所占比例极小，在实际测算中可以忽略不计。

（二）变动成本（TVC）

火电企业氮氧化物治理的变动成本主要是指随氮氧化物脱除量变化而变化的各项成本费用，比如还原剂费用、催化剂费用、电费、蒸汽费、水费等。由于氮氧化物的脱除量不同而导致还原剂、催化剂、厂用电、蒸汽、水等材料的用量不同，从而产生的费用不同，也就是说这些成本费用会随着氮氧化物脱除量的变化而变化。

（1）还原剂费用。烟气脱硝无论采用 SCR 还是 SNCR 或 SCR/SNCR 联合技术，均需使用还原剂，还原剂类型主要有液氨、氨水和尿素（各种还原剂的技术经济性能见表 2–7）。还原剂费用（C_d）主要取决于脱硝效率（η）、机组运行小时数（h）、还原剂的单位耗量（Q_d）和价格（P_d）等。从国内已经运行的火电企业脱硝工程实际运行情况来看，还原剂费用在脱硝成本中是比例最大的一项。还原剂费用计算式为

$$C_d = N \times Q_d \times P_d \tag{3-4}$$

式中 C_d——还原剂费用，元；

N——一定时期内的氮氧化物脱除量，若以年为计算周期，则单位为 t/年；

Q_d ——还原剂的单位耗量，即脱除一单位氮氧化物需要的还原剂数量，t/t；

P_d ——还原剂的价格，元/t。

氮氧化物脱除量（N）由烟气量（Q_s）、入口浓度（λ_i）、出口浓度（λ_o）决定，计算式为

$$N = Q_s \times (\lambda_i - \lambda_o) \tag{3-5}$$

式中 Q_s ——一定时期内的烟气量，若以年为计算周期，则单位为m^3/年，烟气量与燃煤种类、锅炉类型、燃烧方式、机组容量、发电利用小时数等均有关系；

λ_i、λ_o ——脱硝器入口和出口的氮氧化物浓度，mg/m^3。

在实际工作中，由于《火电厂大气污染物排放标准》(GB 13223—2011)规定了不同类型机组的氮氧化物出口浓度限值，而在锅炉类型和煤源等因素既定的情况下，入口浓度是一个基本恒定的数值（调节锅炉的燃烧方式可以适当改变），因此可以用出口浓度和入口浓度来计算脱硝设施需达到的脱硝效率，并据此决定脱硝工艺。三者的关系式为

$$\eta = \frac{\lambda_i - \lambda_o}{\lambda_i} \times 100\% \tag{3-6}$$

式中 η ——脱硝效率，%。

选用不同的还原剂，Q_d的数值不同。若选用液氨作为还原剂，则Q_d的计算式为

$$Q_d = \frac{17}{46} \times 1.05 = 0.388\,(\text{t}) \tag{3-7}$$

式中 1.05——氨耗量修正系数，未考虑液氨纯度及氨逃逸影响。

若选用尿素做还原剂，则Q_d的计算式为

$$Q_{\mathrm{d}}=\frac{60}{92}\times 1.05=0.685\,(\mathrm{t}) \tag{3-8}$$

式中　1.05——氨耗量修正系数，未考虑尿素纯度及氨逃逸影响。

将式（3–5）～式（3–8）分别代入式（3–4），得到还原剂费用的计算式为

$$\begin{aligned}C_{\mathrm{d}}&=0.388\times\eta\times\lambda_{\mathrm{i}}\times Q_{\mathrm{s}}\times P_{\mathrm{d}}\text{（液氨）}\\C_{\mathrm{d}}&=0.685\times\eta\times\lambda_{\mathrm{i}}\times Q_{\mathrm{s}}\times P_{\mathrm{d}}\text{（尿素）}\end{aligned} \tag{3-9}$$

（2）催化剂费用。SCR 工艺一般需要利用二氧化钛（TiO_2）、五氧化二钒（V_2O_5）等作为催化剂，催化剂系统是 SCR 脱硝系统中的重要部件，由于催化剂在使用过程中会发生衰退或失活现象，因此催化剂需要定期更换。由于催化剂系统的建造成本已包含在脱硝系统的静态总投资中，因此作为变动成本的催化剂费用仅考虑定期更换催化剂所需的费用。目前中国脱硝催化剂的使用寿命一般在 2.4 万 h 左右，即 3～4 年，若脱硝设施的使用年限按 20 年考虑，整个寿命期内需更换 6 次左右。催化剂的年费用计算分为两步。

第一步，先利用已知终值求现值公式$(P/F,\ i,\ n)$，将历次更换催化剂的费用折算到第一年并求和，即

$$C_{\mathrm{cp}}=\sum_{j=1}^{m}\left(P_j/F_j,\ i,\ n\right) \tag{3-10}$$

$$P_j=F_j\times\frac{1}{(1+i)^n} \tag{3-11}$$

式中　C_{cp}——历次更换催化剂的费用现值总和，元；

j——更换催化剂的次数，比如脱硝系统在使用年限内共更换催化剂 6 次，则 $j=1，2，3，4，5，6$；

P_j——历次更换催化剂的费用现值，元；

F_j——历次更换催化剂的费用，等于历次更换催化剂的数量与单价的乘积，元；

i——贷款利率；

n——第 j 次更换催化剂距离现在的年限。

第二步，利用已知现值求年金公式 $(A/P, i, n)$，将历次更换催化剂的费用现值总和（C_{cp}）折算为脱硝设施寿命期内每年的费用，即

$$C_c = C_{cp} \times \frac{i(1+i)^n}{(1+i)^n - 1} \tag{3-12}$$

式中 C_c——每年的催化剂费用，元；

n——脱硝设施的寿命期。

（3）电费。一般而言，脱硝设施的电费由两部分构成：第一部分是脱硝设施本身的电耗而引起的费用；第二部分是因为加装了脱硝设施，引起烟气阻力增加，从而造成引风机等辅助设备电耗上升而增加的费用。

（4）蒸汽费。一般对于采用液氨作为还原剂的 SCR 脱硝装置来说，蒸汽费由两部分构成：第一部分是液氨制备区液氨蒸发所需的蒸汽耗量而增加的费用；第二部分是 SCR 反应器采用蒸汽吹灰所需的蒸汽耗量而增加的费用。

（5）水费。脱硝设施运行中会使用少量除盐水而产生一定的费用，但在总成本中所占的比例一般不会超过 1%，在实际测算中可以忽略不计。

（三）总成本（TC）

综上所述，火电企业氮氧化物治理的总成本计算式为

$$\text{TC}=\text{TFC}+\text{TVC}$$
$$\text{TFC}=\text{折旧费}+\text{设备维护费}+\text{人工成本}+\text{财务费用}+\text{保险费用}$$
$$\text{TVC}=\text{还原剂费}+\text{催化剂费}+\text{电费}+\text{蒸汽费}+\text{水费} \tag{3-13}$$

值得说明的是，以上固定成本和变动成本的划分是基于短期内脱硝工艺和脱硝设施无法改造或重建的情形，但从长期来看，如果由于入口浓度或出口浓度变化需要增加氮氧化物脱除量以至于超出了现有设施的脱硝效率和能力范围时，则需要对脱硝设施进行改造或重建，因此折旧费、设备维护费、财务费用、保险费用等均要发生变化，此时全部为变动成本。

3.1.2 平均成本

火电企业氮氧化物治理的平均成本（AC）可以从三个角度进行分析：一是按照装机容量，即单位容量治理成本，元/kW；二是按照发电量或售电量，即单位电量治理成本，元/（kW・h）；三是按照氮氧化物的脱除量，即单位脱除量成本，元/t。为表述和计算方便，将计算周期确定为年，即各项费用及物理量均为年度数据。

（一）单位容量治理成本

单位容量治理成本可以分为单位容量固定成本、单位容量变动成本和单位容量总成本。

单位容量固定成本等于火电企业氮氧化物治理的年固定成本除以火电企业的铭牌装机容量，计算式为

$$\text{单位容量固定成本（元/kW）}=\frac{\text{年固定成本（元）}}{\text{铭牌装机容量（kW）}} \tag{3-14}$$

因为固定成本的主要构成项是固定资产折旧，而固定资产折旧额又主要取决于脱硝设施的动态总投资，所以在实际工作中经常用单位容量投资水平来衡量单位容量固定成本，计算式为

$$\text{单位千瓦投资（元/kW）}=\frac{\text{脱硝设施动态总投资（元）}}{\text{铭牌装机容量（kW）}} \tag{3-15}$$

单位千瓦变动成本等于火电企业氮氧化物治理的年变动成本除以火电企业的铭牌装机容量，计算式为

$$\text{单位容量变动成本（元/kW）}=\frac{\text{年变动成本（元）}}{\text{铭牌装机容量（kW）}} \tag{3-16}$$

单位容量总成本等于火电企业氮氧化物治理的年总成本除以火电企业的铭牌装机容量，计算式为

$$\text{单位容量总成本（元/kW）}=\frac{\text{年总成本（元）}}{\text{铭牌装机容量（kW）}} \tag{3-17}$$

（二）单位电量治理成本

单位电量治理成本可以分为单位电量固定成本、单位电量变动成本和单位电量总成本。

单位电量固定成本等于火电企业氮氧化物治理的年固定成本除以火电企业的年发电量或售电量，计算式为

$$\text{单位电量固定成本}\left[\text{元/(kW·h)}\right]=\frac{\text{年固定成本（元）}}{\text{年发电量或售电量（kW·h）}} \tag{3-18}$$

售电量是火电企业和电网企业进行电费结算的依据，是火电企业的真实收入部分，因此用售电量来衡量火电企业氮氧化物治理的单位电量固定成本更符合实际情况，那么单位电量固定成本的公式可以简化为

$$\text{单位电量固定成本}\left[\text{元/(kW·h)}\right]=\frac{\text{年固定成本（元）}}{\text{年售电量（kW·h）}} \tag{3-19}$$

对于发电企业来说，售电量是从发电厂所发电量中扣除自身生产所需的用电量后销售给电网企业的电量，计算式为

$$年售电量（kW\cdot h）=年发电量（kW\cdot h）\times（1-发电厂用电率）\tag{3-20}$$

如无特别说明，以下均用年售电量计算单位电量治理成本。

单位电量变动成本等于火电企业氮氧化物治理的年变动成本除以火电企业的年售电量，计算式为

$$单位电量变动成本［元/（kW\cdot h）］=\frac{年变动成本（元）}{年售电量（kW\cdot h）}\tag{3-21}$$

单位电量总成本等于火电企业氮氧化物治理的年总成本除以火电企业的年售电量，计算式为

$$单位电量总成本［元/（kW\cdot h）］=\frac{年总成本（元）}{年售电量（kW\cdot h）}\tag{3-22}$$

（三）单位脱除量治理成本

单位脱除量治理成本可以分为单位脱除量固定成本、单位脱除量变动成本和单位脱除量总成本，分别用火电企业氮氧化物治理的年固定成本、变动成本或总成本除以火电企业的年氮氧化物脱除量，计算式分别为

$$单位脱除量固定成本（元/t）=\frac{年固定成本（元）}{年氮氧化物脱除量（t）}\tag{3-23}$$

$$单位脱除量变动成本（元/t）=\frac{年变动成本（元）}{年氮氧化物脱除量（t）}\tag{3-24}$$

$$单位脱除量总成本（元/t）=\frac{年总成本（元）}{年氮氧化物脱除量（t）}\tag{3-25}$$

3.1.3 边际成本

火电企业氮氧化物治理的边际成本（MC）可以定义为每增加一单位的氮氧化物脱除量而引起的治理总成本增加量，等于治理总成本的

增量（ΔTC）除以氮氧化物脱除量的增量（ΔN），计算式为

$$MC = \frac{\Delta TC}{\Delta N} \tag{3-26}$$

因为$\Delta TC = \Delta TFC + \Delta TVC$且$\Delta TFC = 0$

所以

$$MC = \frac{\Delta TVC}{\Delta N} \tag{3-27}$$

当ΔN趋近于0时，边际成本等于变动成本对氮氧化物脱除量的导数，即

$$MC = \frac{d(TVC)}{d(N)} \tag{3-28}$$

3.2 治理收益

3.2.1 总收益

火电企业氮氧化物治理的收益可以分为两类：第一类是可以直接量化并以货币计价的收益，目前主要包括因为减少氮氧化物排放量而降低的排污费收益、氮氧化物治理的电费收益及其他形式的政府补贴等；第二类是难以直接量化且用货币进行计价的收益，比如减少氮氧化物排放量带来的生态环境改善、促进地区旅游业发展的收益以及增加就业等。为简便起见，本书仅考虑第一类收益，因此火电企业氮氧化物治理的总收益（TR）的计算式为

$$TR = B + P_e \times Q_e + S \tag{3-29}$$

（1）因减少氮氧化物排放量而降低的排污费收益B。根据《排污费征收使用管理条例》（国务院第369号令）以及《排污费征收标准管理办法》（国家发展计划委员会、财政部、国家环境保护总局、国家经济贸易委员会第31号令），自2004年7月1日起对氮氧化物按照每一污

染当量 0.6 元/kg 征收排污费[1]，氮氧化物的污染当量为 0.95，因此，氮氧化物的减排收益计算式为

$$B=\frac{N}{0.95}\times 0.6 \tag{3-30}$$

式中 B——氮氧化物的减排收益，元；

N——氮氧化物的脱除量，kg。

（2）专门给予脱硝机组的上网电价补贴 P_e。根据 2013 年 8 月国家发展改革委印发的《关于调整可再生能源电价附加标准与环保电价有关事项的通知》（发改价格〔2013〕1651 号），明确自 2013 年 9 月 25 日起将燃煤发电企业脱硝电价提高到 10 元/（MW•h）。因此，现阶段 $P_e=$ 0.01 元/（kW•h）。

（3）售电量 Q_e，按照式（3-20）计算。

（4）政府补贴 S。由于我国大规模开展火电行业氮氧化物治理的时间不长，目前除出台了脱硝电价政策以外，尚无专门针对火电脱硝的财政补贴政策，但在实际执行中能够参照脱硫政策享受一定的财政补贴。目前相关政策主要有财政部印发的《中央国有资本经营预算节能减排资金管理暂行办法》（财企〔2011〕92 号）规定燃煤电厂实施 SO_2 治理项目可以按不超过项目投资额的 20%注入资本金，实际操作中脱硝项目参照执行。

3.2.2 边际收益

火电企业氮氧化物治理的边际收益（MR）可以定义为每增加一单位的氮氧化物脱除量而引起的总收益增加量，等于总收益的增量

---

[1] 2014 年 9 月 1 日，国家发展改革委、财政部、环境保护部联合下发《关于调整排污费征收标准等有关问题的通知》（发改价格〔2014〕2008 号），要求 2015 年 6 月底前，各省（区、市）将废气中的二氧化硫和氮氧化物排污费征收标准调整至不低于每污染当量 1.2 元/kg，将比现行标准提高 1 倍以上。由于完稿时尚未实施，本书按照调整前的水平进行分析。

（ΔTR）除以氮氧化物脱除量的增量（ΔN），计算式为

$$\begin{gathered}\mathrm{MR}=\frac{\Delta \mathrm{TR}}{\Delta N} \\ \Delta \mathrm{TR}=\Delta B+P_{\mathrm{e}}\times\Delta Q_{\mathrm{e}}+\Delta S\end{gathered} \tag{3-31}$$

当ΔN趋近于 0 时，边际收益等于总收益对氮氧化物脱除量的导数，即$\mathrm{MR}=\frac{\mathrm{d(TR)}}{\mathrm{d}(N)}$。

根据式（3–30）可以得知，$\Delta B=\frac{\Delta N}{0.95}\times 0.6=0.63\times\Delta N$（元）。

按照目前的政策，只要火电企业实施了脱硝设施改造且能做到达标排放，均能全额享受脱硝电价，也就是说在符合排放浓度限值要求的范围内，如果发电设备利用小时数保持不变的话，脱硝电费收入不会因为氮氧化物脱除量增加而增加；相反，如果实际排放标准超过了排放浓度限值，即使增加了氮氧化物脱除量，脱硝电费收入仍然为零。因此在现行政策下，脱硝电价收益与氮氧化物脱除量没有直接关系，所以$\Delta Q_{\mathrm{e}}=0$。

财政部印发的《中央国有资本经营预算节能减排资金管理暂行办法》（财企〔2011〕92 号）是按脱硝设施动态投资的 20%给予资本金补贴，与氮氧化物脱除量没有关系，因此$\Delta S=0$。

根据以上分析可以得知，$\mathrm{MR}=\frac{\Delta B}{\Delta N}=0.63$（元/kg）。

3.2.3 最优脱除量

按照微观经济学中新古典学派的厂商理论，厂商实现利润最大化的原则是$\mathrm{MR}=\mathrm{MC}$且$\mathrm{TR}>\mathrm{TC}$，因此为使火电企业氮氧化物治理的利润最大化，式（3–27）可以修正为

$$MC=\frac{\Delta TVC}{\Delta N}=0.63（元/kg）=630（元/t） \quad (3-32)$$

这一过程可以用图 3-1 来解释。在图 3-1（a）中，总收益（TR）是一条斜向上方的直线，总成本（TC）是一条在纵轴上有一定截距且斜率先降后升的曲线，当氮氧化物脱除量为 N_2 时，两条线相交，此时边际成本最低。在图 3-1（b）中，边际收益（MR）是一条平行于横轴的直线，边际成本（MC）是一条先降后升的抛物线，当氮氧化物脱除量分别为 N_1 和 N_3 时，两条曲线两次相交，但在 N_1 时表示利润达到负的最大化，在 N_3 时才表示利润达到正的最大化。因此，在不考虑外部行政干预及其他非市场因素时，任何一家理性的火电企业应该将自己的氮氧化物脱除量控制在 N_3 的最优水平。

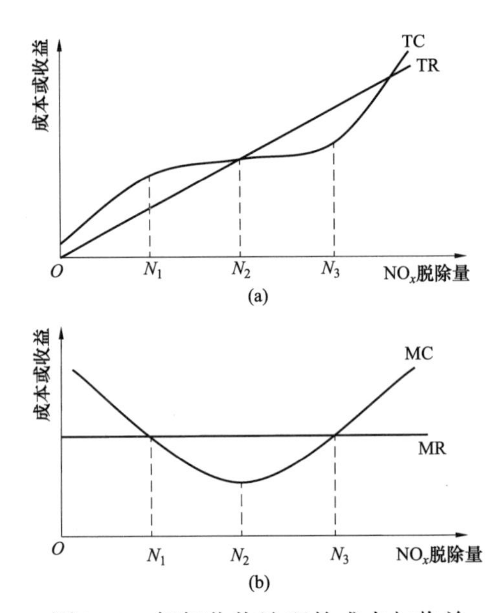

图 3-1　氮氧化物治理的成本与收益

（a）总成本与总收益；（b）边际成本与边际收益

现行政策仅根据能否按照排放浓度限值达标排放来决定是否享受脱硝电价，而以上内容正是基于此推导出来的，明显具有不合理性。因为达标排放成为了火电企业能否享受脱硝电价的唯一标准，完全缺乏弹性，这样不利于激励企业按照利润最大化的原则去竭尽所能地降低氮氧化物排放量。反之，如果将氮氧化物的控制政策从单纯的浓度控制转向总量控制，从而将脱硝电价由按售电量结算改为按氮氧化物脱除量结算，无论在限值以上还是限值以下均可以按照实际脱除量享受到相应的脱硝电价，实际排放量超过或低于初始分配量的部分可以在排污权交易市场上进行交易，这样能更加充分地发挥经济手段在氮氧化物治理中的促进作用。此时，式（3–29）、式（3–31）和式（3–32）可以分别表示为

$$\begin{aligned} &\mathrm{TR} = B + P_{\mathrm{n}} \times N + S \\ &\Delta\mathrm{TR} = (630 + P_{\mathrm{n}}) \times \Delta N + \Delta S \\ &\mathrm{MC} = \mathrm{MR} = 630 + P_{\mathrm{n}} \end{aligned} \tag{3-33}$$

式中　P_{n}——按氮氧化物脱除量结算的脱硝电价，元/t。

3.3　脱硝电价与敏感性分析

3.3.1　脱硝电价

在过去很长一段时间内，我国对独立火电企业的上网电价按照“成本加成法”进行确定，即在各电厂或机组建设与运行成本的基础上加税金和合理利润，构成该电厂或机组的上网电价；对于电网企业内部核算的电厂则被视同为电网企业的一个车间，按照内部核算电价进行结算或支付费用。这种政策导致“一厂一价”甚至是“一机一价”的现象比比皆是，成本高的企业上网电价就高，成本低的企业上网电价就低，部分企业为了获得较高的上网电价甚至故意提高电厂的建设成本，造成了社会资源的浪费。为彻底改变这种不合理状况，我国自 2004 年开始对燃煤机组实行标杆电价制度，即以省或电网区域（如内蒙古分为蒙东

电网和蒙西电网）为单位，按照社会平均成本加上税金和合理利润确定本省或区域内燃煤机组的统一上网电价，由国家价格主管部门不定期进行测算并统一发布，新投产的燃煤机组在转入商业运行后便执行标杆电价，在役机组逐步统一为标杆电价。标杆电价是以社会平均成本为基准确定的，各燃煤机组如果自身成本高于社会平均成本，则必然导致盈利减少甚至亏损，反之利润将增加，因此可以引导和激励各企业主动降本增效，促进全社会整体福利水平提高。

现行电价于 2014 年 9 月 1 日开始执行，含除尘、脱硫、脱硝且含税的标杆电价从 0.262 元/（kW・h）（新疆）到 0.502 元/（kW・h）（广东）不等，其中除尘电价为 0.002 元/（kW・h），脱硫电价视各区域燃煤机组的主要煤源含硫率不同从 0.013 元/（kW・h）（东北地区）到 0.021 6 元/（kW・h）（西南地区）不等，大部分地区为 0.015 元/（kW・h），脱硝电价为 0.01 元/（kW・h）。2004 年 12 月，国家发展改革委印发《关于建立煤电价格联动机制的意见》（发改价格〔2004〕2909 号）决定建立煤电价格联动机制，即在一定周期内按照电煤价格上涨幅度的一定比例调整煤电机组的上网电价，2005 年 5 月首次实施了煤电联动。2012 年 12 月，国务院办公厅《关于深化电煤市场化改革的指导意见》（国办发〔2012〕57 号）在实行电煤价格并轨[1]的同时进一步完善了煤电联动政策，规定以年度为周期，当电煤价格波动幅度超过 5%时，相应调整

---

[1] 1993 年我国实施煤炭市场化改革，煤炭价格开始由市场自主决定。为保证电煤稳定供应，1996 年开始国家对电煤采取指导价格。2002 年国家虽然不再发布电煤指导价格，但在每年的电煤订货会上有关部门依然会发布一个不具强制性的参考价格。2002 年后随着我国煤电机组规模迅速扩大，为满足电煤耗量快速增长的需要，火电企业和煤炭企业一般会在每年初政府组织的电煤订货会上签订电煤供应协议，约定未来一年由煤炭企业以低于市场价的价格向火电企业供应一定的电煤（即重点合同煤），除此以外不够的部分由火电企业按照市场价格另行采购（即市场煤），随着市场煤的比重不断扩大，由此形成了电煤价格双轨制。

燃煤机组的上网电价，其中由发电企业自行承担的比例从过去的 30% 降为 10%。

燃煤机组的上网电价由过去“一厂一价”“一机一价”制度变更为标杆电价制度，对于促进火电企业加强管理、努力降低成本起到了十分显著的作用，煤电联动政策也在一定程度上缓解了由于电煤价格快速上涨给火电企业带来的经营困难。但由于目前我国的上网电价仍然实行严格的政府管制，而电煤价格早已随行就市，加之电网环节的输配分开、配售分开等改革没能同步推进，“计划电、市场煤”的体制性矛盾并未根本理顺，电力的供求关系难以通过电价得以体现和调节，在经济进入上升周期带动电煤需求快速上涨的情况下仍有可能出现严重的煤电矛盾，影响煤炭和电力及相关行业的健康发展，对国民经济持续稳定增长也会形成一定的瓶颈制约。

为补偿火电企业的氮氧化物治理成本，缓解脱硝设施建设资金严重不足的局面，2011 年 11 月国家发展改革委出台了燃煤发电机组试行脱硝电价的政策，对北京、天津、河北、山西、山东、上海、江苏、浙江、福建、广东、海南、四川、甘肃、宁夏等 14 个省（区、市）符合国家政策要求的燃煤发电机组，上网电价在现行上网电价的基础上增加 0.008 元/（kW・h）（含税）。2012 年 12 月 28 日，国家发展改革委印发《关于扩大脱硝电价政策试点范围有关问题的通知》（发改价格〔2012〕4095 号），决定自 2013 年 1 月 1 日起将脱硝电价试点范围由现行 14 个省（区、市）的部分燃煤发电机组扩大为全国所有燃煤发电机组，燃煤发电机组安装脱硝设施、具备在线监测功能且运行正常的，持国家或省级环保部门出具的脱硝设施验收合格文件，报省级价格主管部门审核后，执行脱硝电价，脱硝电价标准仍为 0.008 元/（kW・h）。2013 年 8 月，国家发展改革委印发《关于调整可再生能源电价附加标准与环保电价有关事项的通知》(发改价格〔2013〕1651号),明确自2013年9月25日起将燃煤发电企业脱硝电价提高到0.01元/(kW·h)。

现行脱硝电价政策存在的主要问题是:第一,由于煤种不同等客观因素,氮氧化物治理成本差异较大,全国执行统一的电价水平造成了地区和企业之间的不公平,部分企业的治理成本得不到合理补偿;第二,由于目前脱硝电价并没有通过销售电价进行转移,而是部分由电网企业承担,电网企业作为自负盈亏的市场主体和调度权的实际拥有者,在利益驱动下将尽量减少脱硝机组的发电时间,以节约购电费用,同时脱硝设施运行时间减少又将导致单位脱硝成本上升,发电企业经营恶化,形成恶性循环;第三,火电企业只要安装了脱硝设施且达到了排放浓度限值要求,则可以按照售电量享受脱硝电费,不利于激发边际治理成本相对较低的火电企业最大限度地增加氮氧化物减排量。

以上所述的无论是标杆电价还是脱硝电价,均是通过内部收益率法进行测算的。内部收益率(internal rate of return,IRR)是指项目在计算期内各年净现金流量现值累计等于零时的折现率,是考察项目盈利能力的主要动态评价指标。内部收益率的计算式为

$$\sum_{t=1}^{n}\frac{C_{\mathrm{it}}-C_{\mathrm{ot}}}{(1+\mathrm{IRR})^{t}}=0 \tag{3-34}$$

式中 C_{it}——第t年的现金流入量,元;

C_{ot}——第t年的现金流出量,元;

$C_{\mathrm{it}}-C_{\mathrm{ot}}$——第$t$年的净现金流量,元;

n——项目计算期,包括建设期和运营期。

各年现金流入和流出量的取值依据是现金流量表,包括项目投资现金流量表、项目资本金现金流量表和投资方现金流量表,与此相对应,内部收益率可以分为全投资内部收益率、资本金内部收益率和投资

方内部收益率三种情况。全投资内部收益率是在不考虑债务筹措的条件下（即假设项目投资全部为自有资金），从项目整体角度分析各年的净现金流量，据此计算内部收益率，一般按所得税前和所得税后分别计算。资本金内部收益率是在将投资分为资本金和融资两大部分后（比如火电项目一般资本金比例为20%，融资比例为80%），从资本金出资者的角度分析各年的净现金流量（息税后），据此计算内部收益率。投资方内部收益率是从项目各投资方按照出资比例实际享有的权益出发，分析各年的净现金流量（息税后），据此计算内部收益率。根据实际需要，各企业可以选择不同的内部收益率作为项目盈利能力的评价依据，选取行业的基准收益率或长期贷款利率作为参照。

电价测算是内部收益率的逆运算，即在假定一个内部收益率的情况下，测算项目应该达到的电价水平，如果测算的电价水平低于实际执行的电价水平则表示项目可行，如果测算的电价水平高于实际执行的电价水平则表示项目不可行。按照《建设项目经济评价方法与参数》（第三版）的规定，目前我国火电行业全投资内部收益率的基准值为 8%，资本金内部收益率的基准值为 10%。目前国家没有专门针对氮氧化物治理规定基准内部收益率，有一种观点认为氮氧化物治理是为了将外部成本内部化，是火电企业必须履行的社会责任，因此建议脱硝电价顶多弥补企业的治理成本即可，不应该让企业通过脱硝电价来获得额外的利润。另一种观点则认为未来几年中国需要在较短的时间内集中对超过 4 亿 kW 的燃煤机组建设脱硝设施，需要巨额的资金投入，在火电企业普遍经营困难的情况下，火电企业的投资能力十分有限，如果能够适当提高脱硝电价水平，让企业在完全弥补氮氧化物治理成本的同时还能获取一定的利润，不仅能够改善火电企业自身的投资能力，而且可以引导社会资金通过 BOT（build-operate-transfer，建设—运营—转移）等方式参与火电企业的氮氧化物治理。笔者赞同后一种观点，建议国家出台专门针对火电企业氮氧化物治理的基准内部收益率，且该收益率水平至少应略高于银行长期贷款利率，给予各类企业投资火电行业氮氧化物治理设施一个明确的盈利预期。

按照我国电力市场化改革的目标模式，未来我国发电企业将实行竞价上网，即上网电价由发电企业通过市场竞争形成，上网电价高低主要取决于电力市场的供求关系、建设和运行成本等。氮氧化物治理成本作为火电企业的成本构成之一，火电企业在报价时将脱硝电价包含在总电价之中，不再需要制订单独的脱硝电价。在此之前，为最大限度地鼓励各类资本进入火电行业氮氧化物治理领域，建议实行两部制脱硝电价，即将脱硝电价分为容量电价和电量电价两部分。

（一）容量电价

容量电价主要补偿氮氧化物治理的固定成本，只要火电企业安装了脱硝设施且经政府部门验收合格，就可以固定地享受这部分电价收益（容量电费），不受是否发电或脱除氮氧化物多少的影响。容量电费的计算式为

$$F_c = K_d \times K_r \times K_t \times P_c \times C_r \qquad (3-35)$$

式中 F_c——容量电费，元；

K_d——地区差异系数，可以考虑各地区的经济发展程度、脱硝设施建设与运行成本等方面的差异，制订各地区的差异系数，比如东部地区 K_d=1.2，中部地区 K_d=1.0，西部地区 K_d=0.8；

K_r——容量差异系数，按照不同容量等级的机组制订不同的差异系数，比如 100 万 kW 等级机组 K_r=1.2，60 万 kW 等级机组 K_r=1.0，30 万 kW 等级及以下和供热机组 K_r=0.8；

K_t——脱硝方式差异系数，因不同的脱硝方式建设成本存在差异，可以按照不同的脱硝方式制订不同的差异系数，比如SCR脱硝方式K_t=1.2，SCR+SNCR联合脱硝方式K_t=1.0，SNCR脱硝方式K_t=0.8；

P_c——容量电价，即按照火电机组容量计算的单位容量脱硝电价，元/万kW，为简便起见，在一定时期内全国可以制订一个统一的P_c，然后通过K_d、K_r、K_t等系数进行调整，也可以直接按照不同地区、不同容量等级、不同脱硝方式分别制订容量电价（即$K_d \times K_r \times K_t \times P_c$）；

C_r——某电厂的火电机组总容量，万kW，如果厂内有多台不同容量等级的机组，应该按照容量差异系数分别计算，然后求和。

（二）电量电价

电量电价主要补偿氮氧化物治理的变动成本，根据发电量或氮氧化物的脱除量不同而享受不同的电价收益（电量电费）。根据发电量或氮氧化物脱除量计算脱硝电量电费的方法各有利弊，根据发电量计算的优点是简便易行，但缺点是氮氧化物的脱除量不一定与发电量成线性正相关关系，不利于鼓励火电企业竭尽所能地降低氮氧化物排放量；相反，根据氮氧化物脱除量计算脱硝电量电费，优点是可以直接引导和鼓励火电企业最大限度地减少氮氧化物排放量，但缺点是氮氧化物脱除量的计量难度相对较大。笔者认为随着理论创新和技术进步，氮氧化物脱除量的计量手段将越来越先进，为鼓励火电企业最大限度地减少氮氧化物排放，应根据氮氧化物脱除量计算脱硝电量电费，此时将名称改为脱硝量电价和脱硝量电费更为准确。脱硝量电费的计算式为

$$F_v = K_d \times K_r \times K_t \times P_v \times N \tag{3-36}$$

式中 F_v ——脱硝量电费，元；

P_v ——脱硝量电价，即每脱除 1t 氮氧化物享受的电价，元/t；

N ——氮氧化物脱除量，t。

K_d、K_r、K_t 的含义与取值原则同式（3–35）。

因此，火电企业的脱硝电费 F 的计算式为

$$F = F_c + F_v = K_d \times K_r \times K_t \times (P_c \times C_r + P_v \times N) \tag{3-37}$$

3.3.2 敏感性分析

敏感性分析是不确定性分析的方法之一，是通过分析一项或多项不确定性因素发生变化对某项评价指标的影响程度，预测项目可以承担的风险，为项目投资决策提供参考。由于影响因素众多，同时分析多个变量难度较大，在实际工作中进行敏感性分析时一般采用局部均衡分析方法，即假设其他条件都保持不变的情况下，分析一项因素变化对评价指标的影响程度，又叫单因素敏感性分析。敏感性分析通常用敏感度系数（S_{af}）来表示，是指某项评价指标的变化率与不确定性因素变化率的比例，计算式为

$$S_{af} = \frac{\Delta A / A}{\Delta F / F} \tag{3-38}$$

式中 $\Delta A / A$ ——评价指标 A 的变化率，%；

$\Delta F / F$ ——不确定性因素 F 的变化率，%。

影响火电行业氮氧化物治理成本与收益的不确定性因素较多，包括脱硝设施动态总投资、发电设备利用小时数、煤质、还原剂价格、催化剂价格、财务费用等。因为目前脱硝电价固定为 0.01 元/（kW·h），且考虑各项因素在氮氧化物治理总成本中的比重，在实际工作中经常

假设其他条件保持不变的情况下，选取脱硝设施动态总投资、发电设备利用小时数和还原剂价格中的一项因素变化时，测算脱硝电价的变化程度，某项因素的敏感度系数越高说明脱硝电价对该项因素越敏感。同时，可以将每一条件下测算的电价与实际执行的脱硝电价［0.01 元/(kW·h)］进行比较，如果低于执行电价则说明方案可行，如果高于执行电价则说明方案不可行，由可行变为不可行的临界数值称为临界点。式（3-38）可以表述为

$$S_{af}=\frac{\Delta P_e/P_e}{\Delta F/F} \tag{3-39}$$

式中　$\Delta P_e/P_e$ ——脱硝电价的变化率，%；

$\Delta F/F$ ——脱硝设施动态总投资、发电设备利用小时数或还原剂价格的变化率，一般取±5%、±10%、±15%、±20%等几个档次。

脱硝电价敏感性分析可以用图 3-2 来说明。动态总投资和还原剂价格与脱硝电价均成正相关关系，即动态总投资或还原剂价格上涨（下降）将引起脱硝电价上升（下降），但动态总投资引起的脱硝电价变化幅度更大，即脱硝电价相对于动态总投资比还原剂价格更为敏感。发电设备利用小时数与脱硝电价成负相关关系，即当发电设备利用小时数下降（上涨）时，意味着脱硝设施的利用率下降（上涨），将引起单位治理成本上升（下降），即脱硝电价需相应地上升（下降）。由于现行的脱硝电价（P_0）为 0.01 元/（kW·h），在图中为一条平衡于横轴的直线（虚线），该线与三条斜线的交点即分别为动态总投资、发电设备利用小时数、还原剂价格的临界点，在该点以上表示氮氧化物治理成本高于实际执行的脱硝电价，表示氮氧化物治理的经济性较差，反之则表示经济上是可行的。

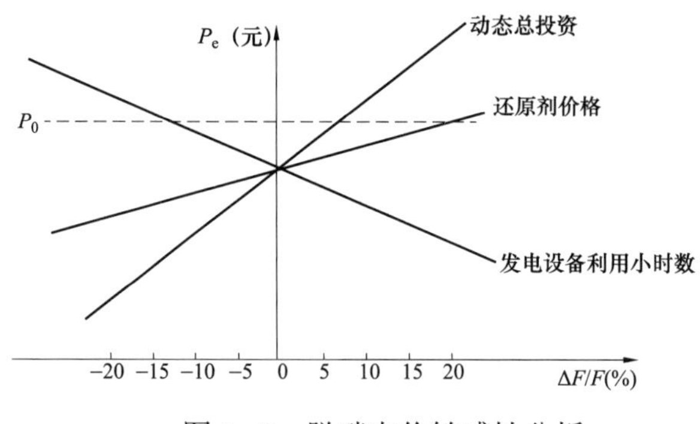

图 3−2　脱硝电价敏感性分析

3.4　实证分析

为对上述计算模型进行验证，分别选取了河北石家庄某电厂（2×30 万 kW 机组）、内蒙古包头某电厂（2×60 万 kW 机组）和山东烟台某电厂（2×100 万 kW 机组）等三家典型电厂进行了实证分析。

3.4.1　河北石家庄某电厂

该电厂位于河北省石家庄市（以下简称“A 电厂”），规划建设 4×30 万 kW 热电联产机组。一期工程 2×30 万 kW 热电联产燃煤机组自 2007 年 8 月开工建设，两台机组分别于 2009 年 1 月和 4 月投产发电。一期工程配置两台 1025t/h 亚临界、一次再热、单炉膛、固态排渣、全钢架的 Π 型汽包炉，同步建设石灰石—石膏烟气脱硫装置，预留脱硝条件和场地。一期工程年耗煤量约 140 万 t，主要煤源为山西阳泉、昔阳、平定等地的优质动力煤。

为满足最新的环保排放标准，2012 年 A 电厂决定对一期两台机组进行氮氧化物治理，加装烟气脱硝设施。经可行性论证，选用的改造方案为低氮燃烧加选择性催化还原法（LNB+SCR）。低氮燃烧技术主要采用四重分级燃烧和低氧燃烧技术，即立足锅炉现有条件，在保证蒸汽参数稳定和可调的前提下，通过多重分级将煤粉燃烧过程中的氧浓度尽可能地控制在最佳值，以实现氮氧化物排放的最小化和燃烧效率的最大化。SCR 设置氨区和脱硝区两大系统，选用液氨还原剂和蜂窝式催化剂，催化剂以 TiO_2（含量约占 80%～90%）作为载体，以 V_2O_5（含量约占 1%～2%）作为活性材料，以 WO_3 或 MoO_3（含量约占 3%～7%）作为辅助活性材料。

脱硝设施改造前，A 电厂的氮氧化物排放浓度为 850mg/m^3（标态、干基、6%O_2）。为满足国家限值要求，按脱硝后排放浓度达到 100mg/m^3（标态、干基、6%O_2）设计，每年可以脱除氮氧化物 10 254t，年总成本 3431 万元，其中固定成本 1409 万元、变动成本 2023 万元，满足资本金内部收益率 10%的脱硝电价为 11.44 元/（MW·h）。测算的各项边界条件见表 3-1。保险费和水费忽略不计。

表 3-1　河北石家庄某电厂脱硝设施经济指标测算基础数据

指标名称	计量单位	数值
烟气量	m^3/h（标态、干基、6%O_2）	2 485 773
治理前氮氧化物排放浓度	mg/m^3（标态、干基、6%O_2）	850
脱硝设备年利用小时数	h	5500
设备折旧年限	年	15
设备残值率	%	5
资本金占总投资的比例	%	20
长期贷款年利率	%	6.55
贷款偿还期（含宽限期）	年	10
增加用工人数	人	11
还原剂单价	元/t	3200
催化剂单价	元/m^3	38 000

为了进一步测算不同氮氧化物脱除量对应的总成本、平均成本和

边际成本，对不同出口浓度（从 200mg/m^3 到 20mg/m^3，以 20mg/m^3 为步长）条件下 A 电厂的氮氧化物年脱除量、总成本、脱硝电价进行了测算，并进一步运用 3.1 节的相关模型对对应的平均成本、边际成本进行了计算，同时在坐标系中分别拟合出了总成本、平均成本和边际成本曲线，分别见表 3–2 和图 3–3。

表 3–2　　河北石家庄某电厂（2×30 万 kW 亚临界机组）

不同排放浓度条件下的年均脱硝成本与电价测算

项目	出口浓度（mg/m^3）									
	200	180	160	140	120	100	80	60	40	20
一、氮氧化物年脱除量（t）	8887	9160	9434	9707	9980	10 254	10 527	10 801	11 074	11 348
二、固定成本（万元）	1327	1344	1359	1370	1385	1409	1426	1530	1558	1608
其中：固定资产折旧费	719	729	737	743	752	765	775	834	849	878
设备维护费	225	228	230	232	235	239	242	261	266	275
人工成本	55	55	55	55	55	55	55	55	55	55
财务费用	328	333	336	339	343	349	354	380	387	400
保险费用										
三、变动成本（万元）	1736	1795	1851	1902	1957	2023	2083	2226	2298	2397
其中：还原剂费用	831	869	904	942	978	1014	1051	1087	1124	1160
催化剂费用	489	510	528	541	560	588	610	651	685	747
电费	375	375	375	375	375	375	375	434	434	434
蒸汽费	41	42	43	44	45	46	47	54	55	56
水费										
四、总成本（万元）	3062	3140	3210	3272	3342	3431	3509	3756	3856	4005
五、脱硝电价［满足资本金内部收益率为 10%，元/（MW·h）］	10.21	10.47	10.71	10.91	11.15	11.44	11.70	12.53	12.86	13.36

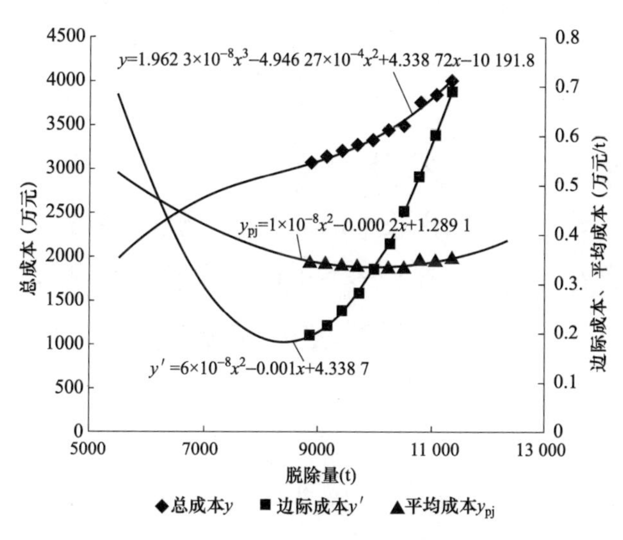

图 3-3　河北石家庄某电厂氮氧化物治理成本曲线

从图 3-3 可以看出，当 A 电厂氮氧化物年脱除量达到 8500t 左右时，边际成本最低，对应的边际成本约为 1800 元/t；当年脱除量达到 10 000t 左右时，平均成本最低且与边际成本相等，对应的边际成本和平均成本约为 3300 元/t。

3.4.2　内蒙古包头某电厂

该电厂位于内蒙古包头市（以下简称“B 电厂”），规划装机容量为 440 万 kW（4×60 万 kW+2×100 万 kW）。一期工程 2×60 万 kW 亚临界凝汽式燃煤机组自 2004 年 7 月开工建设，两台机组分别于 2006 年 11 月和 12 月投产发电。一期工程配置两台 2023t/h 亚临界、一次再热、单炉膛、固态排渣、全钢架的 Π 型汽包炉，同步建设石灰石—石膏烟气脱硫装置。B 电厂在建设时已对锅炉采取了一次风浓淡分离宽调节比煤粉喷嘴、同心正反切燃烧系统、燃尽风和部分消旋二次风等低氮燃烧技术，同时预留了建设炉外脱硝系统的条件和场地。一期工程年耗煤量约 320 万 t，主要煤源为东胜神府煤田优质动力烟煤。

为满足最新的环保排放标准，2012 年 B 电厂决定对一期两台机组进行氮氧化物治理，加装烟气脱硝设施。经可行性论证，选用的改造方案为低氮燃烧加选择性催化还原法（LNB+SCR）。低氮燃烧技术主要采用四重分级燃烧和低氧燃烧技术，即立足锅炉现有条件，在保证蒸汽参数稳定和可调的前提下，通过多重分级将煤粉燃烧过程中的氧浓度尽可能地控制在最佳值，以实现氮氧化物排放的最小化和燃烧效率的最大化。SCR 设置氨区和脱硝区两大系统，选用液氨还原剂和蜂窝式催化剂，催化剂以 TiO_2（含量约占 80%～90%）作为载体，以 V_2O_5（含量约占 1%～2%）作为活性材料，以 WO_3 或 MoO_3（含量约占 3%～7%）作为辅助活性材料。

脱硝设施改造前，B 电厂的氮氧化物排放浓度为 550mg/m^3（标态、干基、6%O_2），为满足国家限值要求，按脱硝后排放浓度达到 100mg/m^3（标态、干基、6%O_2）设计，每年可以脱除氮氧化物 11 115t，年总成本 4537 万元，其中固定成本 2406 万元、变动成本 2130 万元，满足资本金内部收益率 10%的脱硝电价为 6.16 元/（MW·h）。测算的各项边界条件见表 3–3。保险费和水费忽略不计。

表 3–3　内蒙古包头某电厂脱硝设施经济指标测算基础数据

指标名称	计量单位	数值
烟气量	m^3/h（标态、干基、6%O_2）	4 490 814
治理前氮氧化物排放浓度	mg/m^3（标态、干基、6%O_2）	550
脱硝设备年利用小时数	h	5500
设备折旧年限	年	15
设备残值率	%	5
资本金占总投资的比例	%	20

续表

指标名称	计量单位	数值
长期贷款年利率	%	6.55
贷款偿还期（含宽限期）	年	10
增加用工人数	人	11
还原剂单价	元/t	4200
催化剂单价	元/m^3	36 000

为了进一步测算不同氮氧化物脱除量对应的总成本、平均成本和边际成本，对不同出口浓度（从 200mg/m^3 到 20mg/m^3，以 20mg/m^3 为步长）条件下 B 电厂的氮氧化物年脱除量、总成本、脱硝电价进行了测算，并进一步运用 3.1 节的相关模型对对应的平均成本、边际成本进行了计算，同时在坐标系中分别拟合出了总成本、平均成本和边际成本曲线，分别见表 3-4 和图 3-4。

表 3-4　　内蒙古包头某电厂（2×60 万 kW 亚临界机组）

不同排放浓度条件下的年均脱硝成本与电价测算

项目	出口浓度（mg/m^3）									
	200	180	160	140	120	100	80	60	40	20
一、氮氧化物年脱除量（t）	8645	9139	9633	10 127	10 621	11 115	11 609	12 103	12 597	13 091
二、固定成本（万元）	2187	2226	2272	2316	2363	2406	2466	2535	2733	2854
其中：固定资产折旧费	1369	1395	1425	1454	1485	1514	1553	1599	1729	1810
设备维护费	271	277	283	289	296	302	310	320	347	364
人工成本	125	125	125	125	125	125	125	125	125	125
财务费用	421	429	439	447	457	465	477	491	531	555
保险费用										

续表

项目	出口浓度（mg/m³）									
	200	180	160	140	120	100	80	60	40	20
三、变动成本（万元）	1555	1670	1785	1900	2017	2130	2258	2392	2645	2821
其中：还原剂费用	533	602	669	738	808	875	944	1011	1080	1147
催化剂费用	516	553	591	628	666	703	753	810	897	997
电费	332	332	332	332	332	332	332	332	385	385
蒸汽费	174	184	193	202	212	221	230	239	283	292
水费										
四、总成本（万元）	3742	3897	4057	4217	4379	4537	4725	4927	5377	5675
五、脱硝电价［满足资本金内部收益率为10%，元/（MW·h）］	5.13	5.33	5.54	5.74	5.96	6.16	6.41	6.68	7.36	7.79

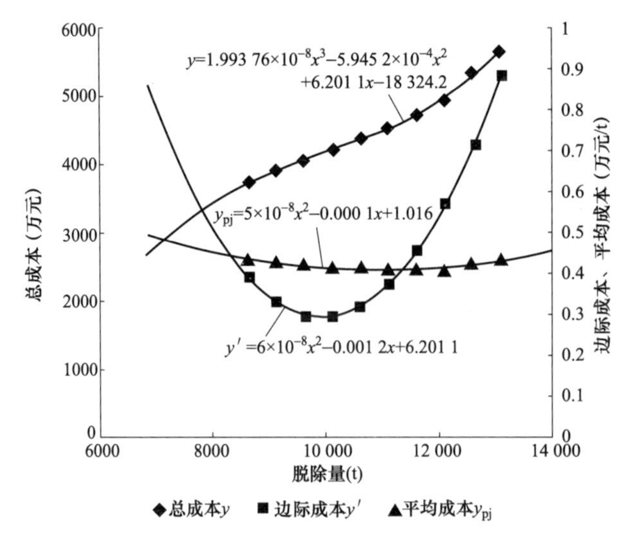

图 3-4　内蒙古包头某电厂氮氧化物治理成本曲线

从图 3-4 可以看出，当 B 电厂氮氧化物年脱除量达到 10 000t 左右时，边际成本最低，对应的边际成本约为 2900 元/t；当年脱除量达到 11 500t 左右时，平均成本最低且与边际成本相等，对应的边际成本和平均成本约为 4000 元/t。

3.4.3 山东烟台某电厂

该电厂位于山东省烟台市（以下简称“C 电厂”），规划装机容量 800 万 kW（8×100 万 kW）。一期工程 2×100 万 kW 超超临界凝汽式燃煤机组自 2010 年 3 月开工建设，两台机组分别于 2012 年 11 月和 12 月投产发电。一期工程配置两台 3033t/h 超超临界、一次再热、单炉膛、固态排渣、全钢架的 Π 型变压直流炉，同步建设石灰石—石膏烟气脱硫装置。C 电厂在建设时锅炉已采取了比较先进的低氮燃烧技术，同时预留了建设炉外脱硝系统的条件和场地。一期工程年耗煤量约 450 万 t，主要煤源为东胜神府煤田优质动力烟煤。

为满足最新的环保排放标准，2012 年 C 电厂决定在主体工程建设的同时，对一期两台机组加装烟气脱硝设施。因为 C 电厂锅炉在设计和制造过程中已采取了较为先进的低氮燃烧技术，通过进一步升级燃烧技术来降低氮氧化物浓度的潜力较小，因此此次仅考虑建设选择性催化还原法（SCR）脱硝系统。SCR 设置氨区和脱硝区两大系统，选用液氨还原剂和蜂窝式催化剂，催化剂以 TiO_2（含量约占 80%～90%）作为载体，以 V_2O_5（含量约占 1%～2%）作为活性材料，以 WO_3 或 MoO_3（含量约占 3%～7%）作为辅助活性材料。

如不加装 SCR 脱硝设施，C 电厂的氮氧化物排放浓度为 350mg/m^3（标态、干基、6%O_2）。为满足国家限值要求，按脱硝后排放浓度达到 100mg/m^3（标态、干基、6%O_2）设计，每年可以脱除氮氧化物 8551t，年总成本 5471 万元，其中固定成本 2772 万元、变动成本 2699 万元，满足资本金内部收益率 10%的脱硝电价为 5.18 元/（MW・h）。测算的各项边界条件见表 3-5。保险费和水费忽略不计。

表 3-5　　山东烟台某电厂脱硝设施经济指标测算基础数据

指标名称	计量单位	数值
烟气量	m^3/h（标态、干基、6%O_2）	6 218 959
治理前氮氧化物排放浓度	mg/m^3（标态、干基、6%O_2）	350
脱硝设备年利用小时数	h	5500
设备折旧年限	年	15
设备残值率	%	5
资本金占总投资的比例	%	20
长期贷款年利率	%	6.55
贷款偿还期（含宽限期）	年	10
增加用工人数	人	5
还原剂单价	元/t	4500
催化剂单价	元/m^3	38 000

为了进一步测算不同氮氧化物脱除量对应的总成本、平均成本和边际成本，对不同出口浓度（从 200mg/m^3 到 20mg/m^3，以 20mg/m^3 为步长）条件下 C 电厂的氮氧化物年脱除量、总成本、脱硝电价进行了测算，并进一步运用 3.1 节的相关模型计算了对应的平均成本、边际成本，同时在坐标系中分别拟合出了总成本、平均成本和边际成本曲线，分别见表 3-6 和图 3-5。

表 3-6　　山东烟台某电厂（2×100 万 kW 超超临界机组）
不同排放浓度条件下的年均脱硝成本与电价测算

项目	出口浓度（mg/m^3）									
	200	180	160	140	120	100	80	60	40	20
一、氮氧化物年脱除量（t）	5131	5815	6499	7183	7867	8551	9235	9919	10 603	11 287
二、固定成本（万元）	2459	2520	2578	2627	2688	2772	2808	2963	3041	3146

续表

项目	出口浓度（mg/m³）									
	200	180	160	140	120	100	80	60	40	20
其中：固定资产折旧费	1605	1646	1684	1716	1756	1812	1835	1938	1990	2059
设备维护费	321	329	337	344	353	364	369	391	402	416
人工成本	40	40	40	40	40	40	40	40	40	40
财务费用	493	505	517	527	539	556	563	594	610	631
保险费用										
三、变动成本（万元）	1982	2123	2263	2393	2534	2699	2815	2955	3121	3311
其中：还原剂费用	677	765	850	938	1025	1111	1199	1284	1372	1458
催化剂费用	672	722	772	810	860	935	959	1009	1084	1184
电费	600	600	600	600	600	600	600	600	600	600
蒸汽费	32	36	40	44	49	53	57	61	65	69
水费										
四、总成本（万元）	4441	4644	4842	5019	5222	5471	5623	5919	6163	6458
五、脱硝电价［满足资本金内部收益率为10%，元/（MW·h）］	4.20	4.39	4.58	4.75	4.94	5.18	5.32	5.60	5.83	6.11

从图 3–5 可以看出，当 C 电厂氮氧化物年脱除量达到 6000t 左右时，边际成本最低，对应的边际成本约为 3200 元/t；当年脱除量达到 11 000t 左右时，平均成本最低且与边际成本相等，对应的边际成本和平均成本约为 5500 元/t。

3.4.4 分析评价

第一，三家电厂的总成本、平均成本和边际成本曲线形状与理论分析模型基本一致。从以上分析可以看出，三家电厂的各条成本曲线形状

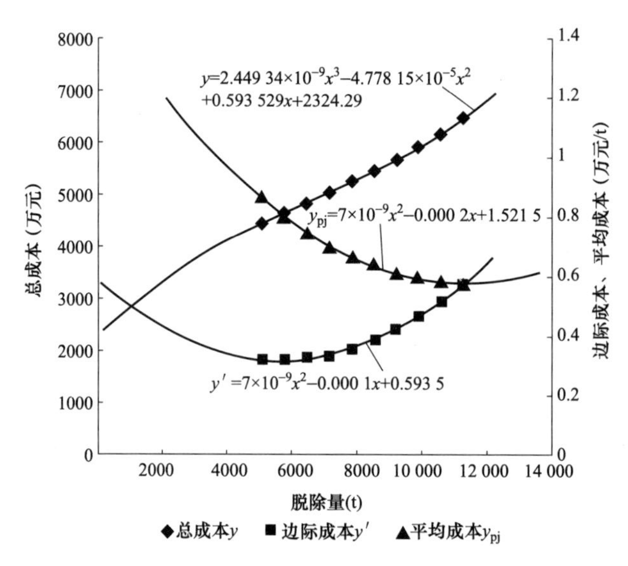

图 3-5 山东烟台某电厂氮氧化物治理成本曲线

与第 1 章和本章所进行的理论分析模型是基本一致的，即总成本曲线的斜率呈现先降后升的趋势，边际成本曲线先于平均成本曲线达到最低点，边际成本曲线与平均成本曲线相交时平均成本曲线达到最低点。

第二，按照现行政策，三家电厂均无法实现氮氧化物治理的利润最大化目标。根据 3.2 节的分析及式（3-32），由于三家电厂的氮氧化物边际治理成本均高于 630 元/t，因此按照我国现行政策都不可能实现最优脱除量，也就说无法实现氮氧化物治理的利润最大化目标[1]。如果按照式（3-33）的修正模型，当 MC=MR=630+P_n（元/t）时的氮氧化物脱除量为最优脱除量，则具体数值取决于 P_n（每吨氮氧化物脱除量的脱硝电价）的高低。因此建议改变现行脱硝电价政策，从按电量结算脱硝电费改为按氮氧化物脱除量进行结算，并合理制订 P_n 的水平。

第三，受改造前排放浓度差异的影响，三家电厂平均成本和边际成

[1] 即使按照最新通知要求，在 2015 年 6 月底前将氮氧化物排污费征收标准调高到 1.2 元/当量（1263 元/t），仍然低于三家电厂的氮氧化物边际治理成本。

本的最小值与电厂规模呈正比。如表 3–7 所示，装机容量最大的 C 电厂的边际成本和平均成本最小值在三家电厂中最大，装机容量居中的 B 电厂次之，装机容量最小的 A 电厂的边际成本和平均成本的最小值最小。经分析，发生这种现象的主要原因是：C 电厂是单机容量为 100 万 kW 的大型现代化电厂，建设时间相对较晚，在锅炉设计与制造时即采用了先进的低氮燃烧技术，氮氧化物浓度已降低到 350mg/m^3（标态、干基、6%O_2），在各电厂的 SCR 脱硝系统出口浓度保持同一水平（100mg/m^3、标态、干基、6%O_2）的情况下，C 电厂的氮氧化物脱除量最小，尽管其成本也仅考虑了 SCR，但低氮燃烧改造成本在电厂氮氧化物治理总成本中所占的比例相对较小，也就是说相对于另外两家电厂，C 电厂以相对较高的成本比例脱除了较少的氮氧化物，于是导致了其边际成本和平均成本均较高。B 电厂同理。为了便于比较，应将三家电厂在氮氧化物治理前的状态还原为可比口径，但笔者认为意义并不大，因为今后新建电厂都将同 C 电厂一样将低氮燃烧技术融入锅炉的整体设计之中，没有必要再去核算不采取低氮燃烧技术情况下的氮氧化物排放浓度。

表 3–7　各电厂治理成本对比

电厂	改造前排放浓度（mg/m^3）	边际成本最低点		平均成本最低点	
		脱除量（t）	边际成本（元/t）	脱除量（t）	平均成本（元/t）
A 电厂	850	8500	1800	10 000	3300
B 电厂	550	10 000	2900	11 500	4000
C 电厂	350	6000	3200	11 000	5500

第四，基于现行政策测算的脱硝电价与电厂规模呈反比。按照现行政策，火电企业脱硝电价是按售电量进行结算的，与氮氧化物脱除量没

有直接关系。本书在假定投资收益率一定的情况下，测算了三家电厂不同排放浓度对应的脱硝电价水平，从测算情况来看，C 电厂的总体水平最低，B 电厂次之，A 电厂最高，这主要是因为 A 电厂的装机容量较小，年度发电量较少，电量降幅大于成本降幅。

本 章 小 结

本章重点研究了我国火电行业氮氧化物的治理成本、收益和电价，推导了火电企业最优氮氧化物脱除量的计算模型，最后选取三家典型火电企业进行了实证分析，为火电行业实施氮氧化物排污权交易的经济性分析构建了理论框架。主要结论如下：

第一，火电企业氮氧化物治理成本受多种因素影响，其中动态总投资、还原剂费用、催化剂费用等是主要因素。火电企业氮氧化物的治理总成本由固定成本和变动成本两大部分构成，具体包括固定资产折旧费、设备维护费、人工成本、财务费用、保险费用、还原剂费用、催化剂费用、电费、蒸汽费、水费等多种成本费用。从目前已经投产的脱硝设施实际运行情况来看，动态总投资（在成本项中表现为固定资产折旧费）、还原剂费用、催化剂费用（SCR 工艺）是占比最大的三项，合计占到总成本的 60%以上。发电设备利用小时数主要通过发电量间接影响氮氧化物治理的平均成本和边际成本。从对脱硝电价的影响程度来看，动态总投资和还原剂费用与脱硝电价正相关，且动态总投资更为敏感，发电设备利用小时数与脱硝电价负相关。

第二，火电企业作为始终追求利润最大化的“经济人”，边际治理成本与边际收益相等时氮氧化物脱除量达到最优。火电企业氮氧化物的边际治理成本是由变动成本与氮氧化物脱除量的相对变化程度决定的，而在现行的脱硝电价政策下边际治理收益是恒定的。如果没有外部行政干预及其他非市场因素影响，为实现利润最大化目标，火电企业将努力把氮氧化物脱除量控制在边际成本与边际收益相等时的最优水平，此时社会福利也将达到最大。因此，政府有必要将氮氧化物治理从浓度控制转向总量控制，尽快建立氮氧化物排污权交易市场，以便火电企业能够通过市场交易解决最优排放量（治理前的总排放量减去最优脱除量）与初始分配指标之间的差额问题。

第三，现行的脱硝电价政策不利于引导火电企业最大限度地降低氮氧化物排放量，需要进一步完善。现行脱硝电价政策是只要火电企业建设了脱硝设施且经验收合格后，即可根据售电量享受脱硝电价收益［0.01 元/（kW·h）］。这一政策的主要弊端，一是容易造成不同地区和企业之间的不公平，二是电网企业可能减少对脱硝机组的调度导致单位脱硝成本上升。因此，建议进一步完善脱硝电价政策，一是将单一电价制度改为两部制电价制度，按照氮氧化物实际脱除量计算脱硝量电费，按照火电机组容量计算脱硝容量电费；二是适当提高脱硝电价水平，使脱硝电价在完全弥补氮氧化物治理成本的同时还能有一定的额外收益，以便引导社会资本主动参与火电行业氮氧化物治理，以缓解完全依赖火电行业自身进行氮氧化物治理的巨大资金压力。

4 火电行业氮氧化物排污权总量控制与初始分配

一般来说，排污权交易体系主要包括总量控制、初始分配、市场交易和政府规制四个部分。其中，总量控制是初始分配和市场交易的前提条件与终极目标，初始分配是总量控制的基本载体和市场交易的前置环节，市场交易是总量控制得以实现的重要手段，政府规制是上述活动得以顺利进行的必要保障。在污染物排放总量一定的前提下，初始分配更加注重公平，市场交易更加注重效率。区域总量控制目标，相对于火电企业来说属于总量控制范畴，但相对于其上一级区域（比如各地级市相对于所在省、各省相对于全国）来说又属于初始分配的范畴。因此，总量控制、初始分配、市场交易和政府规制四者是一脉相承、互相关联、不可分割的有机统一体，共同构成了排污权交易体系。

氮氧化物作为重要的大气污染物之一，其排污权交易体系同样具有上述基本属性。鉴于我国火电行业氮氧化物的治理任务相对比较繁重，本书重点研究火电行业氮氧化物排污权交易的有关问题，其中的基本框架和分析思路同样适用于火电行业二氧化碳、二氧化硫等其他大气污染物。由于氮氧化物在产生机理、治理技术、治理成本、治理现状、治理目标等方面与其他大气污染物相比具有较大差异，本书中的有关模型和公式运用于其他大气污染物排污权交易时需要根据实际情况进行适当调整。

基于本书总体结构上的考虑，本章重点研究火电行业氮氧化物排污权总量控制与初始分配的相关问题。

4.1 总量控制的概念与意义

4.1.1 概念

按照《中华人民共和国环境保护法》（2014 年 4 月 24 日第十二届全国人民代表大会常务委员会第八次会议修订）的定义，环境是指影响人类生存和发展的各种天然的和经过人工改造的自然因素的总体，包括大气、水、海洋、土地、矿藏、森林、草原、湿地、野生生物、自然遗迹、人文遗迹、自然保护区、风景名胜区、城市和乡村等，即通常所说的自然环境。环境既可以为人类提供丰富的土地、水、森林、矿藏等自然资源，又可以吸纳人类在生产和生活过程中产生的废弃物和污染物。然而，环境对废弃物和污染物的吸纳不是无限制的，它取决于环境容量和环境自净能力。环境容量是在指定的区域内，根据其自然净化能力，在特定的污染源布局和结构条件下，为实现环境目标值所允许的污染物排放量。环境自净能力是指自然环境通过一系列的物理、化学变化和生物转化，将污染物转化成无害物质的能力。环境容量是一个量值，其大小又在一定程度上取决于环境自净能力。如果人类向环境中排放的污染物数量超过了环境容量，将导致环境发生变化甚至被严重破坏，反过来又将影响人类的生产和生活，比如空气污染、水质变坏、森林减少、土壤侵蚀、全球变暖等。

一定时期内大气环境所能承载的大气污染物限值是由环境容量所决定的。长期以来，由于人们环境意识淡薄，加之技术手段落后，在生产和生活过程中肆意向大气中排放二氧化碳、二氧化硫、氮氧化物等温室气体和有害气体，数量远远超过环境容量，造成了一系列严重的空气污染事件，致使大量的人员伤亡和严重的财产损失。比如，人类八大公害事件中有五起是由大气污染引起的，它们分别是：1930 年比利时马斯河谷烟雾事件导致一周内将近 60 人死亡，1943 年美国洛杉矶光化学烟雾事件引起许多人呼吸系统衰竭直至死亡，1948 年美国宾夕法尼亚州多诺拉镇烟雾事件导致 20 人死亡，1952 年英国伦敦烟雾事件导致 4000 多人死亡，1961 年日本四日市大气污染事件导致多人死亡。2010 年以来，北京等相当一部分地区发生长时间、大面积的严重雾霾天气给我国的大气污染物防治工作敲响了警钟。

20 世纪后期开始，伴随着西方发达国家进入后工业化时代，城市化进程不断加快，人民生活水平日益提高，科学技术快速进步，人们的环保意识日益增强，人们逐渐认识到环境容量是有限度的，环境资源是稀缺和有价值的，并非取之不尽、用之不竭的，必须对一定时期内允许排入大气中的污染物规定一个限值，即大气污染物总量控制目标。因此，大气污染物总量控制的概念可以表述为：将某一控制区域作为一个完整的系统，为满足该区域的环境质量要求，根据区域环境容量和环境自净能力，在一定时期内所允许排入这一区域的大气污染物的最大数量。总量控制与传统的浓度控制是两种不同的思路，主要特征表现在：① 总量控制更加关注区域的环境质量，强调所有管理手段改善区域环境质量的直接效果；② 总量控制将区域作为一个完整的系统，强调控制管理的系统性，将经济发展、环境质量、污染控制技术发展及成本分析、管理手段作为系统工程，进行系统分析与综合决策；③ 总量控制以污染物的排放总量为控制目标，针对排放源进行定量化目标管理。

过去我国大气污染控制一直是以浓度控制为主要内容的，直到 2000 年 4 月 29 日第九届全国人大第十五次会议修订通过了《中华人民共和国大气污染防治法》，该法第十五条明确规定：国务院和省、自治区、直辖市人民政府对尚未达到规定的大气环境质量标准的区域和国务院批准划定的酸雨控制区、二氧化硫污染控制区，可以划定为主要大气污染物排放总量控制区；大气污染物总量控制区内有关地方人民政府依照国务院规定的条件和程序，按照公开、公平、公正的原则，核定企业事业单位的主要大气污染物排放总量，核发主要大气污染物排放许可证；有大气污染物总量控制任务的企业事业单位，必须按照核定的主要大气污染物排放总量和许可证规定的排放条件排放污染物。《中华人民共和国环境保护法》（2014 年 4 月 24 日第十二届全国人民代表大会常务委员会第八次会议修订）第四十四条和第四十五条分别规定“国家实行重点污染物排放总量控制制度。重点污染物排放总量控制指标由国务院下达，省、自治区、直辖市人民政府分解落实。”“国家依照法律规定实行排污许可管理制度。实行排污许可管理的企业事业单位和其他生产经营者应当按照排污许可证的要求排放污染物；未取得排污许可证的，不得排放污染物。”这两部法律为我国大气污染物排放总量控制的实施确立了法律基础，为国家污染控制战略真正实现由浓度控制向总量控制转变提供了法律保障。

4.1.2 意义

实行大气污染物总量控制的重要意义主要表现在以下几个方面：

第一，实行总量控制有助于对环境质量目标进行直接控制。如前所述，受自净能力等因素的影响，在一定时期内环境容量是有限度的，如果向大气中排放的污染物超过了环境容量，将导致大气环境被破坏，给人类和自然界都可能带来严重危害。只有确保大气污染物排放的总量水平不超过环境容量，环境质量目标才能得以实现，环境容量是总量控制目标的上限。因此，对大气污染物实行总量控制是确保实现环境质量目标的最直接手段。

第二，实行总量控制有助于提高环境管理效率。传统的浓度控制手段是对污染源的大气污染物排放浓度（或排放绩效）进行管控，各污染源的排放浓度不仅受技术条件限制会有较大差异，而且即使同一污染源也会因为设备状况、设备利用程度等因素造成时段性差异，由此就导致了排放浓度具有较大的不确定性，监测和管理均有诸多困难。总量控制类似于管理学中倡导的“目标管理”模式，即给定各污染源在一定时期内的总量控制目标，对于采取何种手段去实现这一目标，政府不直接干预，这样更加有利于激发企业的自主性，降低政府的管理成本，提高管理效率。

第三，实行总量控制有助于将经济手段引入环境管理。经济学者从理论上证明了实行大气污染物总量控制有助于清晰地界定产权，对排污行为收费、征税或进行有偿分配等经济手段有助于将外部成本内部化，将公共物品变成私人物品，避免造成“公地悲剧”。为了最大限度地降低大气污染物对环境的破坏，只有对大气污染物排放实行总量控制，才能将排污权变成一种可以计量和交易的稀缺资源，赋予其商品的基本属性，使排污权交易得以实现。

氮氧化物作为主要的大气污染物之一，其排放量具有易监测、可计量、能分割等特点，具备实行总量控制和排污权交易的必备条件。火电行业既是氮氧化物排放的“大户”，又是支撑国民经济发展和人民幸福生活的最为重要的终端能源提供者之一。当前我国正处于全面建成小康社会的关键时期，国民经济发展对电力需求的拉动依然比较强劲，并且很长一段时间内火电都将在我国电源结构中占主体地位，经济发展与环境瓶颈之间的矛盾与日俱增，科学合理地确定火电行业氮氧化物排放总量控制目标显得尤为重要，一定要避免出现图 1–5 中描述的

ABH 曲线或 *ABCD* 曲线的情形，确保按 *ABEG* 曲线发展，力争按 *ABFG* 曲线发展。制订火电行业氮氧化物总量控制目标是一项系统性工程，需要统筹考虑全国和各区域经济发展水平、产业结构现状和转型升级要求、一次能源禀赋特征、电力需求弹性系数、大气环境容量、氮氧化物治理技术等诸多因素，经综合权衡找到最佳的控制量。为便于制订和管理，火电行业氮氧化物排放总量控制目标可以分为全国总量控制目标和区域总量控制目标，然后将区域总量控制目标分配给各火电企业（即初始分配）。

4.2 全国总量控制目标

关于大气污染物排放总量的计算模型，国内外很多学者进行过研究，目前比较常用的方法主要有 A–P 值法、反演法、模拟法、线性规划法等。上述模型一般都是针对某一区域内所有大气污染物，污染源既包括低架源和面源，又包括高架源和点源，适用性较为宽泛。同时上述模型均是单纯从环境保护的角度出发确定大气污染物的排放总量控制目标，没有充分考虑经济发展对大气污染物排放总量控制目标的影响。

火电行业的污染源基本上都是烟囱高度大于 30m 的火电企业（燃煤机组的烟囱高度一般为 210m 或 240m，燃气机组的烟囱高度一般为 60m 或 80m），属于典型的高架源和点源污染，因此火电行业氮氧化物排放具有污染源类型统一、污染物种类基本固定的特点。上述提及的模型虽然也可以用来计算火电行业氮氧化物的排放总量控制目标，但由于没有考虑我国经济发展水平和火电行业的实际特点，并不是最合适的模型。笔者认为，确定我国火电行业氮氧化物排放总量控制目标可以采用“从上到下”和“自下而上”两种计算模型。

4.2.1 “从上到下”计算模型

“从上到下”的方法就是首先确定全国总量控制目标，然后层层分解到省（区、市）、地级市乃至每一家火电企业，形成各个层次的总量控制目标。计算模型如下：

第一步，在充分考虑全国经济增长速度和电力生产弹性系数等因素的基础上，确定目标年的总发电量，计算式为

$$G_{\mathrm{n}} = G_0 \times (1 + E \times S_{\mathrm{GDP}})^n \tag{4-1}$$

式中 G_{n}——目标年的发电量，万 kW • h；

G_0——基准年的发电量，万 kW • h；

E——电力生产弹性系数，即在一定时期内全国发电量的增长速度与同期 GDP 增长速度的比值，常被用于分析和评价电力发展与经济之间的匹配关系；

S_{GDP}——预测期内的年均 GDP 增速，%，可以用国家的五年规划目标或权威部门的中长期预测目标；

n——预测年限。

第二步，综合考虑全国一次能源禀赋、国家能源产业政策、发电装机结构、负荷特性等因素，确定目标年的火电发电量，计算式为

$$G_{\mathrm{nf}} = G_{\mathrm{n}} \times r \tag{4-2}$$

式中 G_{nf}——目标年的火电发电量，万 kW • h；

r——预测目标年的火电发电量占总发电量的百分比，%。

第三步，综合考虑火电行业氮氧化物治理建设情况、治理技术的发展趋势以及环境容量等因素，预测目标年能够达到的火电行业氮氧化物排放绩效（β_{n}）。

第四步，计算目标年全国火电行业氮氧化物排放总量控制目标，计算式为

$$D_{nm} = \beta_n \times G_{nf} \times 10^{-2} \quad (4-3)$$

式中 D_{nm}——目标年全国电力行业氮氧化物排放总量控制目标，t；

β_n——目标年火电行业氮氧化物排放绩效，g/（kW·h）。

为验证上述模型的合理性和可操作性，以2010年为基准年，测算2015年我国火电行业氮氧化物排放总量控制目标。主要过程如下：

第一步，计算目标年全国发电量 G_n。

基准年（2010年）的全国发电量 $G_0 = 42\,278 \times 10^4$ 万kW·h。

分析2000—2012年的全国电力生产弹性系数，除2008年和2009年受国际金融危机影响只有0.58和0.78，2012年受宏观经济疲软影响仅有0.67以外，其他年份均在1.1以上，13年的平均水平为1.12。考虑未来我国经济将进一步转型升级，第三产业和城乡居民生活用电量的比重将不断提高，电力生产弹性系数总体上将呈逐步下降的趋势，因此“十二五”期间全国电力生产弹性系数 E 的预测值可以取1.1。

《国民经济和社会发展“十二五”规划纲要》提出“十二五”期间我国GDP年均增速为7%，故预测期内的年均GDP增速 S_{GDP} 可以取7%。

如以2010年为基准年，2015年为目标年，则 n=5。

根据以上取值，按照式（4–1）计算得出，2015年全国发电量 G_n 为61 262亿kW·h。

第二步，计算目标年火电发电量 G_{nf}。

根据2.1.2小节的研究结果，2000年以来，除个别年份以外，我国火电发电量的比例一直维持在80%左右，2012年下降到78.72%，考虑未来我国将进一步加大非化石能源的开发力度，火电占比将进一步降低，因此2015年的火电比例预测值可以取78%。据此，按照式（4–2）计算得出，2015年全国火电发电量 G_{nf} 为47 785亿kW·h。

第三步，预测目标年能够达到的火电行业氮氧化物排放绩效 β_n。

国家《能源发展“十二五”规划》将2015年煤电氮氧化物排放绩效达到1.5g/（kW•h）作为约束性指标，因此取 β_n=1.5g/（kW•h）。

第四步，计算目标年全国火电行业氮氧化物排放总量控制目标 D_{nm}。

根据以上数据，按照式（4–3）计算得出，2015年目标年全国火电行业氮氧化物排放总量控制目标 D_{nm} 为716.76万t。这一值略低于国家《节能减排“十二五”规划》中提出的2015年火电行业氮氧化物排放总量控制在750万t的目标，这说明上述方法是基本可行的。该方法的优点是简便易操作，充分考虑了环境保护与经济发展之间的平衡，能够避免出现环保目标与经济发展目标“两张皮”的现象；缺点是受各地区经济发展水平、煤质差异等因素的影响，氮氧化物排放绩效值存在较大差距，全国采用一个绩效值影响预测的准确性。

另外值得指出的是，国家《节能减排“十二五”规划》中明确指出：到2015年，全国氮氧化物排放总量控制在2046.2万t，比2010年的2273.6万t减少10%，新增削减能力794万t。其中，2015年工业行业氮氧化物排放量控制在1391万t，比2010年的1637万t下降15%；2015年火电行业氮氧化物排放量控制在750万t，比2010年的1055万t下降29%。由此可见，火电行业氮氧化物的削减任务远远超过全国平均水平和工业行业平均水平。

4.2.2 “自下而上”计算模型

“自下而上”的方法就是首先分区域确定各级火电行业氮氧化物排放总量控制目标，然后汇总形成全国的总量控制目标。计算模型如下：

第一步，计算目标年各省份（大的省份可以从地级市开始）火电行业氮氧化物排放总量控制目标，计算式为

$$D_{pm} = \sum_{j=1}^{n}\left[\frac{(C_j \times h) + (T_j \times 0.0278)}{K_r} \times \beta_p \times K_d \times 10^{-2}\right] \quad (4\text{–}4)$$

式中 D_{pm} ——某省（或地级市）目标年的火电行业氮氧化物排放量控制目标，t；

C_j ——第 j 台机组的铭牌容量，万 kW；

h ——目标年的全省平均火电发电设备利用小时数，为准确和公平起见，全省所有火电机组可以按照纯凝和供热两类机组分别规定利用小时数；

T_j ——第 j 台机组的年供热量，GJ，1GJ=0.027 8kW • h；

β_p ——目标年的全省火电行业平均氮氧化物排放绩效，g/（kW • h），可以根据各省的实际情况进行预测，相对于“从上到下”的方法中预测全国平均水平更为准确和符合实际情况，也可以按照既有机组和规划期计划新建机组分别制订不同的标准，既有机组的排放绩效可以略高于新建机组；

K_d ——地区差异系数，根据《火电厂大气污染物排放标准》（GB 13223—2011）以及《国务院关于重点区域大气污染防治“十二五”规划的批复》（国函〔2012〕146 号），位于 47 个重点城市的机组取 0.9，其他区域取 1；

K_r ——机组容量差异系数，由于不同容量等级机组配置的锅炉型式、类型均有较大差异，氮氧化物排放绩效会有一定的差异，一般来说机组容量越大排放绩效越低，因此从实事求是的角度出发应设置机组容量差异系数，与式（3-35）相一致，100 万 kW 等级机组取 1.2，60 万 kW 等级机组取 1，30 万 kW 等级及以下机组和供热机组取 0.8；

n ——全省火电机组台数，既要包括既有机组，又要包括规划新建的机组。

第二步，计算目标年全国电力行业氮氧化物排放总量控制目标，计算式为

$$D_{\mathrm{nm}}=\sum_{k=1}^{31}D_{\mathrm{pm}k} \tag{4-5}$$

式中　D_{nm}——目标年全国电力行业氮氧化物排放总量控制目标，t；

$D_{\mathrm{pm}k}$——第 k 省目标年火电行业氮氧化物排放总量控制目标，t。

限于收集资料的难度，在此无法对“自下而上”的方法进行试算。但从定性分析来看，“自下而上”的方法与“从上到下”的方法相比，优点是预测结果相对比较准确，但缺点是计算过程比较复杂，且是逐级上报和汇总，不排除部分地方政府为了多占有氮氧化物排放总量而故意放大预测结果的可能性，导致全国汇总结果偏大，起不到控制排放总量的目的。因此，笔者建议确定我国火电行业氮氧化物排放总量控制目标时应以“从上到下”的方法为主，用“自下而上”的方法进行校核。本书接下来分析区域氮氧化物排放总量控制目标及火电企业氮氧化物排放初始分配指标均是基于按照“从上到下”的方法确定全国总量控制目标后再逐级进行分解的思路。

4.3　区域总量控制目标

区域总量控制目标是指在全国总量控制目标既定的情况下，将总目标层层分解为各区域的控制目标，区域可以划分为省（区、市）、地级市、县，也可以认为是国家对各区域排污权的初始分配行为。考虑火电行业的实际特点，本书仅研究各省（区、市）的总量控制目标确定方法，实际工作中如果需要进一步分解确定地级市总量控制目标时也可以参考。

王勤耕等人在《总量控制区域排污权的初始分配方法》一文中提出了运用“平权函数”确定区域大气污染物总量控制目标的方法，后来程炜等人在《大气污染物区域总量控制目标确定方法的研究》一文中对方法做了进一步完善，该方法在确定区域总量控制目标时，不仅同时考虑了技术和经济因素，而且综合考虑了实际需要和环境容量的平衡问题，比较符合我国的经济发展阶段和地区差异较大的现实情况，具有较强的可操作性和现实意义。笔者认为对该方法做适当修正后可以用来确定各省（区、市）的火电行业氮氧化物排污权总量控制目标。

4.3.1 基本原则

第一，应充分尊重各省（区、市）经济发展与技术水平的差异。由于地理位置、自然资源禀赋、历史成因等客观原因，我国各省（区、市）的经济发展水平存在较大差异，不仅表现在经济总量上，而且还表现在人均水平、产业结构、人口素质等多个方面，由此决定了未来的经济增速也存在差异。对于火电行业来说，无论是装机容量、发电量等总量指标，还是发电设备利用小时数、发电煤耗、污染物治理水平等效能指标都存在较大差异。因此在确定各省（区、市）目标年火电行业氮氧化物排放总量控制目标时，要充分尊重各省（区、市）的经济发展水平、火电行业发展现状及氮氧化物治理的技术水平差异，尽可能做到既不保护落后地区，又不限制各地区的可持续发展。

第二，应综合权衡各省（区、市）火电行业氮氧化物排放量的实际需要与环境容量之间的关系。各省（区、市）火电行业氮氧化物实际排放量往往是由各自的经济和社会发展需要以及火电实际生产能力与水平所决定的，反映的是实际需要；而环境容量是由各省（区、市）的环境质量目标和自然环境特征所决定的，反映的是愿景目标。考虑实际需要越多，则方案越具有可行性，但环境质量可能无法保障；考虑愿景目标越多，环境质量越有保障，但实现的难度可能会增加。因此，在确定各省（区、市）火电行业氮氧化物排放总量控制目标时，应综合权衡实际需要的排放量与环境容量之间的关系，尽可能做到既有较强的可行性，又与环境质量目标保持一致。

第三，应科学确定全国控制目标的预留比例。由于未来往往具有较大的不确定性，全国和各省（区、市）的经济发展水平以及火电行业的发展情况都有可能出现一些预料不到的情况，火电行业氮氧化物排放的实际需求也有可能偏离预期。因此根据国内外的实践经验，在期初将全国火电行业氮氧化物排放总量控制目标分配到各省（区、市）时，应该预留 5%左右的指标暂时不予分配，未来根据实际情况再进行分配，这样主动性和灵活性更强。

4.3.2 计算模型

各省（区、市）火电行业氮氧化物排放总量控制目标的计算式为

$$D_{\text{pm}k} = \varphi_{\text{p}} \times \left[\left(1 - a_k\right) \times Q_{\text{e}k} + a_k \times Q_{\text{a}k} \times d_k \right] \tag{4-6}$$

式中 $D_{\text{pm}k}$ ——第 k 省（区、市）的火电行业氮氧化物排放总量控制目标，t；

$Q_{\text{e}k}$ ——第 k 省（区、市）的氮氧化物平权排污量，t；

$Q_{\text{a}k}$ ——第 k 省（区、市）的环境容量，t；

a_k ——第 k 省（区、市）的环境容量权重因子；

d_k ——第 k 省（区、市）的经济密度因子；

φ_{p} ——全国总量调整系数。

下面分别说明各因素的含义和计算式。

（一）氮氧化物平权排污量（$Q_{\text{e}k}$）

在第 k 省（区、市）基准年火电行业氮氧化物排放量和预测期内全国平均削减比例的基础上，考虑该省（区、市）火电行业氮氧化物排放

绩效、经济发展速度以及环境质量目标等因素后，综合确定该k省（区、市）目标年的火电行业氮氧化物平权排污量（Q_{ek}），计算式为

$$Q_{ek} = Q_{eki} \times \left[1 - A_n \times f\left(X_k, Y_k, Z_k\right)\right] \tag{4-7}$$

式中　Q_{ek}——第k省（区、市）目标年的火电行业氮氧化物平权排污量，t；

Q_{eki}——第k省（区、市）基准年的火电行业氮氧化物实际排污量，t；

A_n——预测期内全国火电行业氮氧化物排污量的削减比例，%，由于要预留一定比例不进行分配，因此计算该比例时应扣除掉预留的部分；

$f(X_k,Y_k,Z_k)$——第k省（区、市）的平权函数，即火电行业氮氧化物排放绩效因子（X_k）、预测期内经济发展速度因子（Y_k）和环境质量目标因子（Z_k）的函数。

X_k，Y_k的计算式分别为

$$X_k = \frac{\beta_k}{\beta_n}$$
$$Y_k = \frac{\left(1+S_{GDPk}\right)^n}{\left(1+S_{GDP}\right)^n} \tag{4-8}$$

式中　β_k、β_n——第k省（区、市）和全国火电行业平均氮氧化物排放绩效，g/（kW·h），为取值方便，β_k、β_n可以均用基准年的数值；

S_{GDPk}、S_{GDP}——预测期内第k省（区、市）和全国的 GDP 年均增速，%；

n——预测年限。

Z_k是环境质量目标因子（作用与 4.2.2 小节中的地区差异系数K_d

类似）。为简便起见,《火电厂大气污染物排放标准》（GB 13223—2011）以及《国务院关于重点区域大气污染防治“十二五”规划的批复》（国函〔2012〕146 号）中确定为重点区域的城市所在的 19 个省份 Z_k 均取 0.9，其他省份取 1。

如果 X_k 越大，表明第 k 省（区、市）的火电行业氮氧化物治理投入相对不足，技术水平落后，其在未来进行氮氧化物治理的任务将更加繁重，所承担的削减比例应该加大，因此 X_k 与平权函数 $f(X_k,Y_k,Z_k)$ 呈正比关系；如果 Y_k 越大，表明第 k 省（区、市）的经济发展越快，火电行业氮氧化物排放总量如不加以有效治理将增加得越快，所承担的削减比例应该相应加大，因此 Y_k 与平权函数 $f(X_k,Y_k,Z_k)$ 呈正比关系；重点区域为实现更加严格的环境质量目标，所承担的削减比例应该相应加大，因此 Z_k 与平权函数 $f(X_k,Y_k,Z_k)$ 呈反比关系。

平权函数 $f(X_k,Y_k,Z_k)$ 的函数关系式为

$$f\left(X_k,Y_k,Z_k\right)=\frac{X_k}{Z_k}\times Y_k \tag{4-9}$$

（二）环境容量（Q_{ak}）

第 k 省（区、市）的环境容量采用大气扩散箱模型进行估算，该方法的基础是《制定地方大气污染物排放标准的技术方法》（GB/T 3840—1991）中提出的 A–P 值法。该方法的基本原理是将特定区域上空的空气混合层视为吸纳地面污染物的一个箱体，且假设箱体内的污染物是均匀混合的，那么箱体能够吸纳的污染物数量与箱体体积（即混合层高度乘以区域面积）、箱体的污染物自净能力以及对箱体内污染物浓度的限值呈正比。环境容量（Q_{ak}）的计算式为

$$Q_{ak}=31.5\times C_{s}\times\left[\frac{\sqrt{\pi}}{2}uH\sqrt{S}+S\left(u_{d}+wR\right)\times 10^{3}\right] \tag{4-10}$$

式中　C_s——第 k 省（区、市）空气中氮氧化物年均浓度限值，mg/m^3，《环境空气质量标准》（GB 3095—2012）中规定第一、二类地区氮氧化物年均浓度限值均为 $50\mu g/m^3$，即 $0.05mg/m^3$；

u——第 k 省（区、市）平均风速，m/s；

H——第 k 省（区、市）混合层的平均高度，m，可取中性混合层的平均高度；

S——第 k 省（区、市）的国土面积，km^2；

u_d——干沉积速度，m/s；

w——清洗率，取值 1.9×10^{-5}；

R——第 k 省（区、市）的年平均降雨量，mm/年。

环境容量主要取决于自然条件，随时间变化影响不大，因此上述指标的取值均可以采用基准年的数据。

（三）经济密度因子（d_k）

因各省（区、市）的经济发展水平存在较大差异，为了兼顾不同经济发展水平的省（区、市）的实际情况，引入经济密度因子（d_k）。d_k 用第 k 省（区、市）的城乡建设用地面积（居民点和工矿企业）占国土面积的比例来衡量。d_k 越大，表明该省（区、市）开发程度越高，反之则开发程度越低。由于估算环境容量的箱模型是假设箱内污染物浓度是均匀分布的，而实际上由于火电企业的分布不均匀导致污染物浓度不可能是均匀的。在这种情况下，要保证省（区、市）内各处环境质量都能达标（污染源所在区域亦不能超过浓度标准），省（区、市）内火电行业所允许的氮氧化物实际排放总量（以下称“有效环境容量”）一定低于估算的环境容量。d_k 越大，有效环境容量越接近于估算的环境容量。有效环境容量可以表述为环境容量与经济密度的乘积，它可以真实地反映一定经济密度下的氮氧化物承载能力。

（四）环境容量权重因子（a_k）

各省（区、市）火电行业氮氧化物排放总量控制目标主要取决于该省（区、市）的氮氧化物平权排污量与环境容量。总量控制目标越接近于平权排污量，就越具有现实性和可行性，但环境质量目标不一定能实现；总量控制目标越接近于环境容量，则环境质量目标越有保障，但可能会与实际需要有较大出入而难以实现。因此，为了使区域排污权的分配既现实可行又与环境质量目标相一致，就需要兼顾平权排污量和环境容量，引入权重因子（a_k）就是为了平衡两者的关系。决策者可以通过控制 a_k 的大小来控制污染治理强度和环境质量达标速度。a_k 的取值一般介于 0 和 1 之间，为公平起见，同一时期各省（区、市）的取值应一致。

（五）全国总量调整系数（φ_p）

全国总量调整系数（φ_p）的计算式为

$$\varphi_p = \frac{D_{nm} - D_{nr}}{\sum_{k=1}^{31}\left[\left(1-a_k\right)\times Q_{ek} + a_k \times Q_{ak} \times d_k\right]} \tag{4-11}$$

式中 D_{nm} ——目标年全国电力行业氮氧化物总量控制目标，t；

D_{nr} ——预留的全国电力行业氮氧化物总量控制指标，t。

4.3.3 实证分析

以江苏省为例，对上述方法进行实证分析。

2010 年，江苏省完成火电发电量 3305 亿 kW • h，氮氧化物实际排放量 62.45 万 t，排放绩效为 1.89g/（kW • h）。全国规划“十二五”期间 GDP 年均增长 7%，江苏省规划“十二五”期间 GDP 年均增长 10%。根据这些基础数据，测算 2015 年江苏省氮氧化物排放总量控制目标。

第一步，计算平权函数 $f(X_k,Y_k,Z_k)$ 的值。

由以上数据可知 β_k=1.89g/（kW·h），2010 年我国氮氧化物排放绩效 β_n=2.5g/（kW·h），因此 X_k=0.756，Y_k=1.15；江苏省有多达 7 个城市被列为大气污染物重点控制区域，Z_k 取 0.9。

$$f\left(X_k,Y_k,Z_k\right)=\frac{X_k}{Z_k}\times Y_k=\frac{0.756}{0.9}\times 1.15=0.966$$

因此，江苏省的平权函数值为 0.966。

第二步，计算江苏省 2015 年的火电行业氮氧化物平权排污量。

由 4.2.1 小节可知，2015 年全国火电行业氮氧化物排放总量控制目标为 750 万 t，为防止以后发生一些难以预料的情况，全国预留 5%的比例作为备用，即实际只将 712.5 万 t 氮氧化物指标分配到各省（区、市），与 2010 年实际排放量 1055 万 t 相比削减比例相当于 32.46%，即 A_n=0.324 6。

$$Q_{ek}=Q_{eki}\times\left[1-A_n\times f\left(X_k,Y_k,Z_k\right)\right]=62.45\times\left[1-0.324\,6\times 0.966\right]=42.88$$

（万 t）

第三步，计算江苏省氮氧化物的环境容量。

根据相关资料，江苏省平均风速 u 取 3m/s，大气混合层平均高度 H 取 500m，国土面积 S 取 103 960km^2，干沉积速度 u_d 取 0.001m/s，多年平均降雨量 R 取 1000mm/年。根据前文得知，空气中的氮氧化物浓度限值 C_s 取 0.05mg/m^3，清洗率 w 取 1.9×10^{-5}。

$$Q_{ak}=31.5\times C_s\times\left[\frac{\sqrt{\pi}}{2}uH\sqrt{S}+S\left(u_d+wR\right)\times 10^3\right]=394.96\text{（万 t）}$$

第四步，计算全国总量调整系数。

如前所述，2015 年全国火电行业氮氧化物排放总量控制目标为 750

万 t，预留 37.5 万 t，即 D_{nm} 、 D_{nr} 分别为 750 万、37.5 万 t。用同样的方法计算出其他各省（区、市）的 Q_{ek} 、 Q_{ak} 并求和。[受资料的限制，各省（区、市）环境容量权重因子 a_k 取值均按 0.5 考虑；各省（区、市）的大气混合层平均高度 H 统一取 500m，干沉积速度 u_d 取 0.001m/s；按照相关文献，平均风速 u 按区域取值：东北、华北、华东取 3m/s，西北、华南、长江中下游取 2.25m/s，西南取 2m/s]

$$\varphi_p = \frac{D_{nm} - D_{nr}}{\sum_{k=1}^{31}\left[\left(1-a_k\right)\times Q_{ek} + a_k \times Q_{ak} \times d_k\right]} = \frac{750-37.5}{636.74} = 1.119$$

第五步，计算 2015 年江苏省火电行业氮氧化物排放总量控制目标。

江苏省 2010 年城乡建设用地占国土面积的比重为 11.57%，因此经济密度因子 d_k 取值为 0.115 7。

$$D_{pm} = \varphi_p \times\left[\left(1-a_k\right)\times Q_{ek} + a_k \times Q_{ak} \times d_k\right] = 49.55 \text{（万 t）}$$

2015 年江苏省火电行业氮氧化物排放总量控制目标为 49.55 万 t，比 2010 年实际排放量 62.45 万 t 削减了 20.66%，低于全国 29%的削减比例。经分析，笔者认为主要是由两点原因导致的：第一，江苏省是经济发达地区，近几年新建火电机组以百万千瓦超超临界的大型、高效、环保机组为主，而且基本上都同步建设了脱硝设施，火电行业氮氧化物治理已经达到相对较高的水平[2010 年该省火电行业氮氧化物排放绩效为 1.89g/（kW・h），比全国平均水平低 0.61g/（kW・h）]，未来的削减空间相对较小；第二，根据江苏省国民经济和社会发展“十二五”规划，江苏省将加快转变经济发展方式、实现创新驱动发展是“十二五”时期的重大战略任务，将 GDP 年均增速定为 10%，低于大多数中西部地区，火电行业氮氧化物需求总量也将相应地以较低速度增长。

4.4 火电企业排污权初始分配

排污权初始分配是指在区域污染物排放总量既定的情况下，将总量分解到区域内各污染源，并以污染物排放许可证的形式予以分配的行为，有的文献称为一次交易或一级交易。火电行业氮氧化物排污权初始分配包括将全国总量控制目标分配到各省（区、市）和将各省（区、市）的总量控制目标分配到各火电企业两个不同层级，前者已在4.3节进行了研究，本节重点研究如何将各省（区、市）的总量控制目标分配到各火电企业。

4.4.1 基本原则

第一，兼顾公平与效率，但公平优先。国内外许多学者深入研究过初始分配对排污权交易市场价格与效率的影响问题。一般都认为，从科斯定理可知，如果交易成本为零，那么排污权交易价格与效率将不受初始分配的影响，但现实中完全竞争市场是不存在的，不同的排污权初始分配方式将导致不同的交易价格和效率。Robert 认为在不完全竞争市场中排污权的初始分配方式会影响排污权交易的效率。Misolek 等人认为排污权交易与初始分配密切相关，免费分配时排污厂商可能利用其在市场上的垄断势力来减少在产品市场上的压力。李寿德等人研究了免费分配对排污权交易市场结构的影响，认为初始排污权的分配方式将对厂商行为产生不同的结果。我国火电行业的地理区域、技术结构和氮氧化物治理水平均存在较大差异，即使同一省内的火电企业也参差不齐，在氮氧化物排污权初始分配时必然会面临效率与公平的选择问题。笔者认为各省（区、市）在进行火电行业氮氧化物排污权初始分配时要以本省（区、市）总体的经济发展水平和火电行业现状为基础，既要考虑各火电企业的历史成因，也要着眼于现实与未来的发展需要，尽可能做到公平与效率兼顾，但把公平放在第一位。

第二，按照“老机老办法、新机新办法”的原则选择不同的分配方式。一般来说，排污权初始分配有免费分配、拍卖和标价出售三种方式，不同方式将产生不同的效果，因此选择合适的排污权初始分配方法是至关重要的。从我国目前已经实施的火电行业二氧化硫排污权交易来看，主要采取的是免费分配方式。考虑我国火电行业由于受到体制不顺、煤电矛盾等多方面因素的影响，近年来经营普遍比较困难的现实情况，笔者认为，我国火电行业氮氧化物排污权的初始分配应该采取“老机老办法、新机新办法”的原则。也就是说，对现役机组的初始排污权采取免费分配方式，即现役机组应该无偿获得一定额度的氮氧化物初始排污权，但需要根据现行政策按实际排放数量缴纳一定的排污费，以体现“污染者付费”的基本原则；对新建机组的初始排污权采取拍卖或标价出售方式，即今后新建火电机组一律在市场上竞买或交易氮氧化物排污权，但在初始排污权范围内排污则不需要再缴纳排污费，否则将导致重复征缴，不利于公平竞争。新建机组通过竞买或交易方式获得氮氧化物初始排污权，均可以在二级市场上进行，将在第 5 章研究，本节仅研究现役机组无偿获得氮氧化物初始排污权的分配方法。

第三，兼顾现实需要与未来不可预测因素预留一定比例的排污权不予分配。相对于全国预留 5%左右的指标不予分配，各省（区、市）的预留比例应该适当加大。这主要是因为各省（区、市）的预留指标有两方面的用处：第一，满足未来新建机组的需要。为实现总量控制目标，新建机组氮氧化物排污权的初始分配额度原则上应该来源于现役机组的削减量，但不可排除两者之间出现供给缺口，此时就需要用预留指标进行弥补。第二，调剂和平抑二级市场的交易价格。如果火电行业氮氧化物排污权交易的二级市场出现供不应求的现象，价格上涨过快，则政府可以向市场抛售预留的指标，以平抑市场价格，维护市场秩序，保护投资者的积极性。至于各省（区、市）应该预留多大比例，应该根据各省（区、市）的实际情况而定，预测未来火电行业增长较快的省（区、市）应该加大预留比例，现役机组氮氧化物未来削减空间较小的省（区、市）也应该加大预留比例。

第四，以产业政策为导向科学确定初始分配比例和范围。对现役机组免费分配氮氧化物排污权，并不意味着对省（区、市）内所有火电机组都按统一比例进行分配，也不意味着对所有现役机组均要分配。应该以国家和本省（区、市）的产业政策为导向，符合产业政策的机组应该适当倾斜，不符合产业政策的机组应该少分配甚至是不分配。比如按照国家“上大压小”政策要求必须限期关停的小火电机组应该不予分配或分阶段进行分配，满足居民供热需求的供热机组应该允许将供热量折算为发电量参与分配以提高其分配比例。

4.4.2 计算模型

各火电企业目标年氮氧化物排污权的初始分配数量可以用平权法和排放绩效法两种方法进行计算。

（一）平权法

平权法是延续了 4.3 节中计算各省（区、市）火电行业氮氧化物排污权总量控制目标的方法，引入平权函数的概念。

（1）现役火电机组目标年氮氧化物排污权初始分配数量的计算式为

$$D_{\mathrm{f}} = \varphi_{\mathrm{f}} \times Q_{ki} \times \left[1 - A_{\mathrm{p}} \times f\left(X_k, Y_k, Z_k\right)\right] \tag{4-12}$$

式中　D_{f}——第 k 家火电企业目标年的氮氧化物排污权初始分配数量，t；

φ_{f} ——省内总量调整系数；

Q_{ki} ——第 k 家火电企业基准年的氮氧化物实际排污量，t；

A_{p} ——预测期内该省（区、市）火电行业氮氧化物平均削减比例，应将计划预留部分扣除，%；

$f(X_k,Y_k,Z_k)$ ——平权函数。

（2）省内总量调整系数（φ_{f}）的计算式为

$$\varphi_{\mathrm{f}}=\frac{D_{\mathrm{pm}}-D_{\mathrm{pr}}}{\sum_{k=1}^{n}Q_{ki}\times\left[1-A_{\mathrm{p}}\times f\left(X_k,Y_k,Z_k\right)\right]} \tag{4-13}$$

式中 D_{pm} ——该省（区、市）目标年火电行业氮氧化物排放总量控制目标，t；

D_{pr} ——该省（区、市）目标年火电行业氮氧化物排放总量控制目标中的预留部分，t。

（3）第 k 家火电企业的平权函数 $f(X_k,Y_k,Z_k)$ 的计算式为

$$f\left(X_k,Y_k,Z_k\right)=\frac{X_k}{Y_k\times Z_k} \tag{4-14}$$

$$X_k=\frac{\beta_k}{\beta_{\mathrm{p}}} \tag{4-15}$$

式中 X_k ——排放绩效因子，用该厂基准年的氮氧化物排放绩效与同期全省火电行业平均氮氧化物排放绩效的比例来表示；

Y_k ——机组容量因子；

Z_k ——环境质量目标因子；

β_k ——第 k 家火电企业基准年的氮氧化物排放绩效，g/（kW・h）；

β_{p} ——该省（区、市）火电行业基准年的氮氧化物平均排放绩效，g/（kW・h）。

X_k越大，说明该厂目前的治理水平相对较差，未来的治理任务更重，削减比例应该更大。因此X_k与平权函数$f(X_k,Y_k,Z_k)$呈正比关系。

Y_k是为了考虑不同容量等级的机组在氮氧化物排放水平的实际差异而引入的，作用类似于式（4–4）中的容量差异系数K_{r}，取值与其保持一致，即100万kW等级机组取1.2，60万kW等级机组取1，30万kW等级及以下机组和供热机组取0.8。如果厂内有多台不同容量等级机组，则采取按照容量加权平均的方式进行计算。就目前我国火电机组的实际情况来看，100万kW和60万kW等级机组的建设时间相对较晚，在建设时大部分机组已经采取了低氮燃烧等氮氧化物治理措施，未来能够削减的比例将相对较小，因此Y_k与平权函数$f(X_k,Y_k,Z_k)$呈反比关系。

Z_k的作用类似于式（4–4）中的地区差异系数K_{d}，取值与其保持一致，位于47个重点城市的电厂取0.9，其他区域取1。重点城市应该承担更大的削减比例，因此Z_k与平权函数$f(X_k,Y_k,Z_k)$呈反比关系。

（二）排放绩效法

在“十五”期间我国开展二氧化硫排污权交易试点时，江苏省、天津市等采用了污染物排放绩效法进行现役火电机组的二氧化硫排污权初始分配，笔者认为对其进行适当修正后也可以用于火电企业氮氧化物排污权的初始分配。

（1）各现役火电企业目标年氮氧化物排污权初始分配数量的计算式为

$$D_{\mathrm{f}} = \varphi_{\mathrm{f}} \times D_{\mathrm{f}}'$$
$$D_{\mathrm{f}}' = \sum_{j=1}^{n}\left[\frac{\left(C_j \times h\right)+\left(T_j \times 0.0278\right)}{K_{\mathrm{r}}} \times \beta_{\mathrm{p}} \times K_{\mathrm{d}} \times 10^{-2}\right] \quad (4-16)$$

式中 D_f ——现役火电企业氮氧化物排污权的初始分配数量，t；

φ_f ——省内总量调整系数；

D_f' ——该电厂目标年氮氧化物预测排污量，t；

β_p ——目标年全省火电行业氮氧化物的平均排放绩效，g/（kW・h）；

K_d ——地区差异系数，若该电厂位于 47 个重点城市，则 K_d 取 0.9，位于其他区域则取 1；

n ——厂内机组台数；

C_j、h、T_j、K_r ——定义和取值同式（4–4）。

（2）目标年全省火电行业氮氧化物的平均排放绩效 β_p 的计算式为

$$\beta_p = \frac{D_{pm}}{Q_e + T \times 0.0278} \times 10^2 \tag{4–17}$$

式中 D_{pm} ——全省火电行业氮氧化物排放总量控制目标，t；

Q_e ——预测目标年全省火电发电量，万 kW・h；

T ——预测目标年全省供热量，GJ。

（3）省内总量调整系数 φ_f 的计算式为

$$\varphi_f = \frac{D_{pm} - D_{pr}}{\sum_{i=1}^{k} D_{fi}'} \tag{4–18}$$

式中 D_{pm} ——目标年全省电力行业氮氧化物总量控制目标，t；

D_{pr} ——预留的全省电力行业氮氧化物总量控制指标，t；

k——全省的现役火电企业家数。

4.4.3 实证分析

以江苏省苏州市某火电企业（以下简称“W 电厂”）为例，对上述模型进行实证分析。

W 电厂共有燃煤机组 4 台，总装机容量为 196 万 kW，2010 年累计完成发电量 124.65 亿 kW·h，氮氧化物排放量为 16 570t，氮氧化物排放绩效为 1.33g/(kW·h)。其中，1 号机组为 33 万 kW 亚临界机组，于 1989 年投产，2012 年改造为热电联产机组，2010 年完成发电量 20.49 亿 kW·h，氮氧化物排放量为 4680t；2 号机组为 31 万 kW 亚临界机组，于 1997 年投产，2012 年改造为热电联产机组，2010 年完成发电量 17.58 亿 kW·h，氮氧化物排放量为 5690t；3 号、4 号机组均为 66 万 kW 超超临界机组，同步建设 SCR 脱硝设施（平均脱硝效率 75%），于 2009 年建成投产，2010 年合计完成发电量为 86.58 亿 kW·h，氮氧化物排放量为 6200t。

（一）平权法

第一步，计算平权函数 $f(X_k,Y_k,Z_k)$。

W 电厂 2010 年的氮氧化物排放绩效 β_k=1.33g/（kW·h），江苏省 2010 年火电行业氮氧化物排放绩效 β_p=1.89g/（kW·h），因此

$$X_k=\frac{\beta_k}{\beta_\mathrm{p}}=\frac{1.33}{1.89}=0.704$$

由于 W 电厂内有 30 万 kW 和 60 万 kW 两个不同容量等级的机组，因此机组容量因子 Y_k 按照加权平均的方法求得。计算式为

$$Y_k=\frac{\sum_{j=1}^{n}C_j\times K_\mathrm{r}}{\sum_{j=1}^{n}C_j}=\frac{31\times0.8+33\times0.8+66\times1+66\times1}{31+33+66+66}=0.935$$

W 电厂所在的苏州市属于重点控制区域，因此 Z_k 取 0.9。

所以，$f\left(X_k,Y_k,Z_k\right)=\dfrac{X_k}{Y_k\times Z_k}=\dfrac{0.704}{0.935\times 0.9}=0.837$

第二步，计算省内总量调整系数φ_{f}。

按照式（4–13），计算φ_{f}需要首先计算江苏省所有现役机组的平权函数和2010年的氮氧化物排放量。限于资料的原因，笔者无法一一计算，在此处暂粗略估算，即假设$\sum_{i=1}^{k}D'_{\mathrm{f}i}=D_{\mathrm{pm}}=49.55$万t。

江苏省属于经济发达地区，未来经济增长对电力的需求拉动作用将较为强劲，为满足本省的电力增长需求，一方面应通过特高压从西北、华北等地远距离输入电力，另一方面应在本地建设一定数量的大容量支撑电源。同时，江苏省现役机组的氮氧化物治理已经处于相对比较先进的水平，未来减排的空间相对较小。因此，江苏省预留的氮氧化物指标比例应该相对较大，此处按照20%考虑，因此$D_{\mathrm{pr}}=0.2\times D_{\mathrm{pm}}=9.91$万t。

$$\text{所以，}\quad \varphi_{\mathrm{f}}=\frac{D_{\mathrm{pm}}-D_{\mathrm{pr}}}{\sum_{k=1}^{n}Q_{ki}\times\left[1-A_{\mathrm{p}}\times f\left(X_k,Y_k,Z_k\right)\right]}=\frac{49.55-9.91}{49.55}=0.8$$

第三步，计算W电厂2015年氮氧化物排污权的初始分配数量D_{f}。

考虑20%的预留指标后，2015年江苏省实际只将39.64万t氮氧化物排污权指标分配给各现役火电企业，与2010年实际排放量62.45万t相比，削减比例相当于达到了36.53%，因此A_{p}取0.365 3。此外，Q_{ki}=16 570t。所以，W电厂2015年氮氧化物排污权的初始分配数量为

$$D_{\mathrm{f}}=\varphi_{\mathrm{f}}\times Q_{k\mathrm{i}}\times\left[1-A_{\mathrm{p}}\times f\left(X_k,Y_k,Z_k\right)\right]$$
$$=0.8\times 16\,570\times(1-0.365\,3\times 0.837)=9204\text{（t）}$$

因此，按照平权法计算得到 W 电厂 2015 年氮氧化物排污权的初始分配数量为 9204t，比 2010 年削减了 7366t，削减比例为 44.45%，可以主要通过对 2 台 30 万 kW 级机组进行脱硝改造来实现。

（二）排放绩效法

第一步，计算目标年全省火电行业氮氧化物平均排放绩效 β_{p}。

按照江苏省“十二五”电力发展规划，2015 年江苏省火电机组装机容量将达到 8000 万 kW，火电机组平均发电设备利用小时数约为 5000h；全省供热量约为 55 000 万 GJ。因此，江苏省 2015 年火电行业氮氧化物平均排放绩效为

$$\beta_{\mathrm{p}}=\frac{D_{\mathrm{pm}}}{Q_{\mathrm{e}}+T\times 0.027\,8}\times 10^2$$
$$=\frac{49.55\times 10^4}{8000\times 5000+55\,000\times 0.027\,8\times 10^4}\times 10^2=0.896\ \text{［g/（kW·h）］}$$

第二步，计算 W 电厂目标年氮氧化物预测排污量 D_{f}'。

K_{r} 与平权法中的 Y_k 等值，因此 K_{r}=0.935。两台 30 万 kW 级机组供热，合计年供热量 360 万 GJ。2015 年全厂平均发电设备利用小时数取全省平均 5000h。W 电厂所在的苏州市属于重点控制区域，K_{d} 取 0.9。所以，W 电厂目标年氮氧化物预测排污量 D_{f}' 为

$$D_{\mathrm{f}}'=\sum_{j=1}^{n}\left[\frac{(C_j\times h)+(T_j\times 0.027\,8)}{K_{\mathrm{r}}}\times\beta_{\mathrm{p}}\times K_{\mathrm{d}}\times 10^{-2}\right]=9318\text{（t）}$$

第三步，计算省内总量调整系数 φ_{f}。

根据统计资料，2010 年江苏省共有现役火电机组 723 台 5955 万 kW，其中 100 万 kW 级机组 5 台 500 万 kW，60 万 kW 级机组 29 台 1809

万 kW，30 万 kW 级及以下机组和热电联产机组共 689 台 3646 万 kW。全省火电机组平均利用小时数取 5000h。考虑江苏省大部分城市均属于重点区域，为简便起见，全省所有机组的地区差异系数 K_d 统一取 0.9。因此，计算得到 $\sum_{i=1}^{k} D'_{fi}$=42.77 万 t。所以，省内总量调整系数为

$$\varphi_f = \frac{D_{pm} - D_{pr}}{\sum_{i=1}^{k} D'_{fi}} = \frac{49.55 - 9.91}{42.77} = 0.927$$

第四步，计算 W 电厂 2015 年氮氧化物排污权的初始分配数量 D_f。

$$D_f = \varphi_f \times D'_f = 0.927 \times 9318 = 8636\text{（t）}$$

因此，按照排放绩效法计算得到 W 电厂 2015 年氮氧化物排污权的初始分配数量为 8636t，比 2010 年削减了 7934t，削减比例为 47.88%，比平权法计算的削减量增加了 568t，削减比例高 3.43 个百分点。由于受资料的限制，上述仅做了粗略的估算，两种方法的计算结果略有差异，但总体上均在合理的范围内，因为“十二五”期间如果 W 电厂对 2 台 30 万 kW 等级机组进行脱硝设施改造，脱硝效率按 75%考虑，则削减量即可达到 7778t。

从实证研究结果来看，平权法和排放绩效法均可以用来计算各火电企业目标年的氮氧化物排污权初始分配数量，两种方法各有利弊：平权法的计算基础是全省及各电厂基准年实际发生的数据，不需预测目标年的相关数据，基础数据相对容易获取且准确，比较有说服力；排放绩效法考虑了预测期内发电量和供热量的增量因素对全省平均排放绩效的影响，预测结果应该更加符合实际情况。各省在实际操作中可以根据本省的具体特点和环境质量控制目标选取相应的方法。

上述方法也可以进一步延伸，用于计算大型发电集团氮氧化物排污权总量控制目标的初始分配，因为原理基本相同，本书不再赘述。

本 章 小 结

本章在分析大气污染物总量控制的概念及其重要意义的基础上，分别按照全国、区域（主要是省级）和火电企业三个层次研究了火电行业氮氧化物排污权总量控制和初始分配的基本原则，并构建了计算模型且进行了实证分析。主要结论如下：

第一，总量控制既是实现环境质量目标最直接和最有效的手段，又是实施火电行业氮氧化物排污权交易的基本前提。受地理空间以及自净能力的限制，大气环境容量是有一定限度的，一定时期内如果向大气中排放的污染物总量超过了环境容量限制，则大气环境将被污染甚至遭到严重破坏。因此，实施污染物总量控制是环境质量管理最直接的手段，同时它相对于传统的浓度控制更加便于监管，有助于提高管理效率。对大气污染物排放数量实施总量控制以后，就意味着将污染物排污权变成了稀缺资源，进行初始分配又进一步界定了其产权，这样就为排污权赋予了商品的基本属性，使其具备了计量和交易的基本前提。

第二，火电行业氮氧化物排污权总量控制应综合权衡经济发展需要和环境质量目标的关系。目前我国正处在全面建成小康社会的关键时期，同时又将长期处于社会主义初级阶段，发展仍然是硬道理。同时我国部分地区的环境形势又已经十分严峻，已经给人们的生产和生活带来了严重影响，经济发展和环境瓶颈之间的矛盾与日俱增。如何实现经济发展与生态环境之间的良性互动是摆在我们面前的一个现实而又非常重要的课题。因此，在制订我国火电行业氮氧化物排放总量控制目标时，必须综合权衡经济发展需要和环境质量目标之间的关系，在机制设计、模型构建等方面充分考虑经济发展、环境质量目标和地区差异等因素，尽可能做到科学合理。

第三，中国火电行业氮氧化物排污权初始分配应坚持“公平与效率兼顾、但公平优先”的原则。基于我国的基本国情以及近几年火电行业的经营形势，进行火电行业氮氧化物排污权初始分配时既要充分考虑各区域和企业的历史成因，也要充分考虑未来发展的需要，兼顾公平与效率，但公平应该优先。按照“老机老办法、新机新办法”的原则，现役机组的氮氧化物初始排污权实行免费分配，但应按照实际排污量收取排污费；未来新建机组的氮氧化物排污权通过市场交易有偿获取，主要来源为老机组改造、关停等腾退出来的排污权以及边际治理成本相对较低的火电企业超额减排的部分，同时不应再对新机组在初始排污权范围内的排污量收取排污费，以避免重复征缴，切实减轻企业负担。

5

火电行业氮氧化物排污权交易市场与政府规制

市场与政府规制是火电行业氮氧化物排污权交易体系的重要组成部分，其中市场包括市场构成和市场机制等，政府规制包括法律和监管等。本章将对火电行业氮氧化物排污权交易中的市场与政府规制问题进行深入研究。

5.1 市场构成

按照经济学的定义，市场可以有狭义和广义之分。狭义的市场是指买者和卖者面对面地进行交易的实实在在的场所，广义的市场是指买者和卖者决定价格并交换物品或劳务的机制。在完全竞争市场中，生产什么、如何生产和为谁生产等问题将由市场自主决定，当所有买者和卖者之间实现数量与价格平衡时即形成了市场均衡。如无特别说明，本书指的是广义的市场。火电行业氮氧化物排污权交易市场具有市场的基本属性，其构成要素主要包括市场主体、市场客体、市场载体和市场规则等。

5.1.1 市场主体

市场主体是指参与市场交易的所有个人和组织，包括生产者、消费者以及中介组织。生产者为市场提供交易对象（即商品），消费者购买商品，然后用于自身消费或转卖、赠予等，使得商品得以流通，也为新一轮的商品生产和流通创造了条件。中介组织通过自己的活动，为生产者和消费者之间提供服务、沟通信息等，使得买卖活动得以顺利开展。

火电行业氮氧化物排污权交易市场主体则是指参与氮氧化物排污权交易活动的所有组织和个人，主要包括参与交易的企业、政府、非政府组织（Non-Government Orgnization，NGO）、个人以及提供服务的中介组织。

第一，企业。参与火电行业氮氧化物排污权交易的企业理所应当以火电企业为主，但我国氮氧化物治理工作总体上还处于起步阶段，火电行业氮氧化物排放量的削减任务高于其他任何一个行业，自身氮氧化物排污权的需求量远远大于供给量，供需矛盾比较突出。因此，为了解决火电行业氮氧化物排污权交易市场供给严重不足的问题，同时也为了促进社会小锅炉等分散污染源的氮氧化物治理工作，应该允许其他行业及分散污染源参与到火电行业氮氧化物排污权交易市场中来。参与氮氧化物排污权交易的各类企业必须满足一定的市场准入条件，获得政府部门的资质认定和许可，非法或不符合国家产业政策的企业应该被排除在火电行业氮氧化物排污权交易市场之外。

第二，政府。作为市场主体，政府在氮氧化物排污权交易中与其他市场主体具有同等的法律地位，主要基于宏观调控以及其他特定的目的，买进或卖出氮氧化物排污权。比如，为了稳定市场价格，在市场中排污权供不应求、价格上涨过快时，政府可以出售预留或储备的排污权，以增加市场供给，起到平抑价格的作用；反之，当市场中排污权供过于求时，价格可能出现急剧下跌，影响了火电企业主动削减氮氧化物排放量的积极性，这时政府可以出面购买排污权并将其储备起来，稳定市场价格。另外，为了进一步减少火电行业的氮氧化物排放总量，政府也可以在适当的时候回购氮氧化物排污权并将其冻结消灭。

第三，非政府组织。这主要是指一部分独立的环保组织出于尽可能减少污染物排放的目的，在氮氧化物排污权交易市场购买氮氧化物排污权，然后将其冻结消灭。在美国等发达国家排污权交易市场起步较早，目前已经相对比较成熟，而且非政府组织的力量比较强大，资金实力相当雄厚，参与排污权交易能够起到丰富市场主体、活跃市场的作用。相比较而言，一方面，我国非政府组织数量还十分有限，少量的环保型非政府组织往往还面临着资金紧张、力量薄弱等困难，他们参与排污权交易很难真正起到活跃市场的作用；另一方面，他们购买氮氧化物排污权后如果将其冻结消灭，虽然有利于保护环境，但这将加剧我国火电行业氮氧化物排污权交易市场的供求矛盾，不利于火电行业氮氧化物排污权交易市场的正常发育和健康运行。因此，在我国火电行业氮氧化物排污权交易市场尚未成熟的初级阶段，可以暂不允许非政府组织参与交易。

第四，个人。主要是一部分自然人基于投资获利的动机和目的，参与火电行业氮氧化物排污权交易。在我国火电行业氮氧化物排污权交易市场尚未成熟的初级阶段，法律法规以及交易机制尚不健全，监管能力比较有限，个人参与排污权交易容易导致投机行为发生，不利于市场的健康发展，因此可以暂不允许个人参与火电行业氮氧化物排污权交易。

第五，中介组织。一般来说，中介组织并不直接参与氮氧化物排污权的直接买卖，而是为买卖双方提供经纪服务并收取一定的佣金，比如提供信息咨询、费用结算、财务审计和手续办理等服务。中介组织应是中立的，因此在提供服务的过程中必须做到客观、公正、公平、公开。

综上所述，我国火电行业氮氧化物排污权交易市场主体在初期主要包括企业、政府和中介组织，在条件成熟后再逐步允许非政府组织和个人参与进来，不断丰富市场主体，促进充分竞争，提高市场效率。

5.1.2 市场客体

市场客体是指在市场交易活动中买卖双方交易的对象。具体而言，火电行业氮氧化物排污权交易的市场客体就是氮氧化物排污权。如前所述，在对火电行业氮氧化物排放实施总量控制并将排污权初始分配给相关企业后，氮氧化物排污权便从公共物品变成了私人物品，产权得以清晰界定，具备了作为商品进行交易的基本属性。

根据我国现阶段的基本国情和火电行业的实际情况，可供市场进行交易的氮氧化物排污权主要来源于如下几个方面：

第一，政府预留的排污权指标。一般来说，各级政府在对氮氧化物排污权进行初始分配时都会预留一定比例的指标不予分配，一方面是为了应对未来可能出现的各种不可预测的情况，另一方面是为了在需要时用来调剂市场供求关系，起到稳定市场价格的作用。

第二，企业关停腾出的排污权指标。火电企业或其他行业企业以及社会分散污染源基于企业自身经营需要计划关停时，以及根据国家产业政策或环保政策必须关停时，原本占用的氮氧化物排污权指标不再需要，可以通过市场交易方式转让给别的企业使用。

第三，先进企业超额减排的排污权指标。部分技术先进、边际治理成本低的火电企业，以比较低的成本建设高效率的脱硝设施，超额削减氮氧化物排放量，以至于实际排放量小于初始分配数量，多余的排污权指标则可以在市场上以高于其治理成本的价格出售，以获得额外的利润。

第四，政府依法强制收回的排污权指标。部分企业由于违反相关的法律法规，被政府依法强制予以关停或勒令停产整顿，在关停后或停产整顿期间节余的氮氧化物排污权，可以由政府依法收回或投放市场进行交易。

5.1.3 市场载体

市场载体是指市场主体进行交易活动所需要的地点、空间、场所以及其他有关设施。市场主体开展市场交易活动，一般需要两个方面的基础条件：一方面需要有进行交易的特定地点、空间或场所，另一方面需要仓库、运输工具、通信、网络等设施。两个方面的物质条件结合在一起便构成了市场载体。如果市场载体不完备，社会化和现代化程度不高，市场载体就难以充分发挥其功能，市场交易的效率就难以提高，进而影响市场的正常有序运行。

火电行业氮氧化物排污权交易的市场载体主要是指各级交易机构，既可以是专门交易氮氧化物排污权的独立交易机构，也可以是交易多种污染物排污权的综合性交易机构。交易机构的主要职责通常包括提供交易场所、制定交易规则、信息披露与咨询、撮合买卖双方交易、协助办理交割手续和费用清算等。交易机构可以分为省级交易机构、区域交易机构、全国交易机构。

第一，省级交易机构。省级交易机构主要负责组织省内火电行业的氮氧化物排污权交易，以及代表本省参与区域和全国火电行业氮氧化物的排污权交易市场。在氮氧化物排污权交易市场尚不发达的初期阶段，省级交易机构应该是我国火电行业氮氧化物排污权交易的主要市场载体。

第二，区域交易机构。区域交易机构主要是在火电行业氮氧化物排污权交易发展到一定程度，为了促进区域大气污染联防联控工作顺利实施，在一定范围内成立的跨省交易机构，负责组织区域内各省的火电行业氮氧化物排污权交易，以及代表本区域参与全国火电行业氮氧化物的排污权交易市场。

第三，全国交易机构。当我国火电行业氮氧化物排污权交易发展到比较发达的程度后，可以考虑设立全国交易机构，负责组织跨省、跨区域的火电行业氮氧化物排污权交易，以及组织开展国际交易活动。

实际工作中，上述各级交易机构的业务范围不一定必须进行严格区分，可以根据实际情况同时开展多个层次的业务，比如省级交易机构也可以组织开展区域甚至全国层面的交易活动。各级交易机构既可以设置为公司制的企业法人，也可以设置成会员制的事业法人或社团法人。如果设置为公司制的企业法人，各级交易机构可以考虑由本级范围内的大型污染源企业、社会相关机构、个人投资者和下一级交易机构按照自愿原则共同出资组建，严格按照现代企业制度进行运作，接受政府监管。如果设置为会员制的事业法人或社团法人，各级交易机构同样可以考虑由本级范围内的大型污染源企业、社会相关机构、个人投资者和下一级交易机构按照自愿原则共同组建，此时交易机构为非营利性的社会组织，按照自身章程开展活动。笔者通过公开资料收集整理了目前国内主要排污权交易机构的基本情况（见表 5-1），从这些信息来看，各机构尽管名称各异，但成立时间基本都在 2008 年之后，除上海环境能源交易所和常州排污权交易中心以外，其他均为企业法人，业务定位具有较高的同质性。除北京、上海、天津三大交易所的成交量相对较大以外，其他交易机构业务量普遍较少。因此，现阶段没有必要专门针对火电行业氮氧化物排污权交易另外成立新的交易机构，在现有交易机构增加氮氧化物排污权交易业务即可。

表 5-1　　我国主要排污权交易机构基本情况

机构名称	成立时间	组织形式	业务定位
北京环境交易所	2008 年 8 月	企业法人	各类环境权益交易服务
上海环境能源交易所	2008 年 8 月	会员制	组织节能减排、环境保护与能源领域中的各类技术产权、减排权益、环境保护和节能及能源利用权益等综合性交易，以及履行政府批准的环境能源领域的其他交易项目和各类权益交易鉴证等

续表

机构名称	成立时间	组织形式	业务定位
天津排污权交易所	2008 年 9 月	企业法人	为温室气体、主要污染物和能效产品提供电子竞价和交易平台，为合同能源管理项目及节能服务公司提供推介、融资、咨询等综合服务，为 CDM 项目以及区域、行业、项目的低碳解决方案提供咨询服务
河北环境能源交易所	2010 年 2 月	企业法人	节能环保技术转让与投融资服务、排污权与节能量交易服务、CDM 信息服务与生态补偿促进服务等
陕西环境权交易所	2010 年 6 月	企业法人	节能环保技术转让；碳排污权、水权、经营性土地使用权、环境排污权与节能交易服务；CDM 信息服务与生态补偿促进服务；信息咨询及会展服务
吉林环境能源交易所	2010 年 11 月	企业法人	节能减排咨询、项目设计、项目价值评价、经营策划、基金运行、项目投融资及技术支撑等专业化服务
四川联合环境交易所	2011 年 9 月	企业法人	排污权交易、节能减排权益交易、碳交易、生态补偿及可再生能源和新能源项目交易、合同能源管理服务、环境资源项目投融资服务、低碳转型和节能减排咨询服务
山东能源环境管理中心	2012 年 10 月	企业法人	组织节能减排、能源与环境保护领域中的各类信息、产品与设备、技术产权、合同能源管理项目、节能投资资金、环境保护和节能及能源利用权益等综合性交易，开展能源环境领域的物权、债权、股权、知识产权等权益交易服务
嘉兴排污权储备交易中心	2007 年 11 月	企业法人	从事 COD 和 SO_2 等主要污染物的排污权交易
广州环境资源交易所	2009 年 6 月	企业法人	主要从事城乡污水排污权、企业废气排污权交易，节能减排技术和权益，环保技术研发、专利转让
昆明环境能源交易所	2009 年 8 月	企业法人	组织开展昆明地区的排污权交易
常州排污权交易中心	2009 年 11 月	事业法人	发布和传递环境领域权益交易信息，为环境领域权益交易双方提供合法交易场所，制订排污权交易程序，提供中介服务、监督交易行为

续表

机构名称	成立时间	组织形式	业务定位
成都环境交易所	2011 年 6 月	企业法人	SO_2、COD、NO_x 等污染物指标进行交易
赣州环境能源交易所	2011 年 10 月	企业法人	提供企业环境产权及节能减排技术交易场所和服务；节能减排技术交易、排污权交易、碳交易、节能量交易；环境保护咨询
大连环境交易所	2012 年 6 月	企业法人	节能减排技术转让和推广，COD 和 SO_2 等污染物排污权公开交易，以及在 CDM 机制下的 CO_2 等温室气体减排量交易等
苏州环境能源交易中心	2012 年 12 月	企业法人	排污权交易、碳排放交易、再生资源交易、节能减排技术交易和清洁能源服务

5.1.4 市场规则

市场规则是指市场主体进行交易活动的行为规范，是维持市场正常运行的约束条件。市场规则通常分为体制性规则和运行性规则。体制性规则是指确认和维护市场主体权益的有关法律、法规，主要用于保护市场主体的合法权益不受侵犯。运行性规则是指规范市场活动的条例、制度类文件，主要包括市场准入条件、交易规则、竞争规则、市场主体的各种行为规范等。

在接下来的市场机制、政府规制等部分内容中将对相关的市场规则进行深入研究和论述，此处暂不展开叙述。

5.2 市场机制

一般来说，排污权交易分为一级市场和二级市场。一级市场主要是指排污权初始分配过程中的市场行为和机制，二级市场是指排污权经初始分配后买卖双方进行交易的行为和机制。根据 4.4 节的研究结果，在火电行业氮氧化物排污权初始分配过程中可以分为无偿和有偿两种方式，笔者认为政府将氮氧化物排污权无偿分配给现有火电企业属于政府行为，不应纳入市场范畴进行研究，而新建火电机组通过交易方式有偿取得氮氧化物排污权属于市场行为，其市场构成和机制与二级市场相比并无特别之处，因此可以一并纳入二级市场进行研究。本节将重点从交易方式、供求机制、定价机制等角度研究我国火电行业氮氧化物排污权交易的市场机制。

5.2.1 交易方式

氮氧化物排污权交易可以有拍卖、多边交易、协商谈判等多种方式，各种方式各有利弊。

（一）拍卖方式

拍卖是由经营拍卖业务的拍卖行接受货主委托，在规定的时间和场所，按照一定的章程和规则，以公开叫价的方法，将商品卖给出价最高的买方的一种方式。拍卖具有悠久的历史，至今仍是国际贸易中通常使用的一种方式，也是国内外排污权交易中运用最多的一种方式。按照出价方式不同，拍卖可以分为增价拍卖、减价拍卖和密封递价拍卖。增价拍卖也称买方叫价拍卖，由拍卖人宣布拟拍卖商品的最低价格，然后由竞买者相继叫价，竞相加价，直到无人再出更高价格时，拍卖人用击锤的方式宣告竞买结束，将商品卖给出价最高的人；减价拍卖又称荷兰式拍卖，先由拍卖人喊出最高价，然后逐渐降低叫价，直到有买方同意购买商品为止；密封递价拍卖又称招标式拍卖，先由拍卖人公布商品的具体情况和拍卖条件等，然后由各买方在规定的时间内将自己的出价密封递交给拍卖人，供拍卖人进行审查比较，最终决定将该货物卖给哪一个竞买者。

Cramton 等人总结了以拍卖方式进行排污权交易的优点。从微观层面来看：第一，能为市场上可交易的排污权提供一个明确的价格信号，能减少交易过程中的成本，提高交易效率；第二，拍卖使得排污权合理地流向那些排污权估价更高的排污企业，提高了排污权的分配效率；第三，拍卖确保了排污权的可获得性，使得新企业能通过排污权进入相关市场，避免垄断企业通过囤积排污权，设置市场进入障碍。从宏观层面来看：第一，拍卖体现公平、公正原则，能减少排污权分配中的政治性争端，合理平衡各方面的利益；第二，拍卖能够为政府部门提供大量的收入，这些收入可以用来治理环境或提高社会福利；第三，用排污权拍卖制度代替排污税制度，可以大大地减少扭曲性税收带来的无谓损失，提高社会福利水平。

（二）多边交易方式

多边交易方式是指多个氮氧化物排污权的买者和卖者同时进行交易，按照价格和时间优先的原则成交的一种交易方式。这种方式可以借鉴股票交易的模式，由交易所负责建设交易撮合系统，买卖双方在交易所内各自报出愿意成交的价格和数量，然后通过交易撮合系统按照“价格优先、时间优先”的原则自动撮合成交，成交后买卖双方签署交易合同，最后进行交割。多边交易方式的优点是可以将所有的交易行为全部纳入交易所内进行交易，交易行为比较规范，交易规则透明，便于政府监管；但缺点是需要投入大笔资金建设和维护交易撮合系统，交易成本较高。为提高设备使用效率和交易效率，往往需要交易所内有众多的买者和卖者。

（三）协商谈判方式

协商谈判方式是指买卖双方通过自主协商、谈判，按照互惠互利的原则自行达成协议的一种交易方式。这种方式的优点是由买卖双方通过协商、谈判的方式，自行就氮氧化物排污权的成交价格和数量达成一致意见，程序比较简单，交易成本较低；但缺点是不利于政府监管，容易出现非法交易，导致氮氧化物排放总量失控。因此，如果火电企业采取协商谈判方式进行氮氧化物排污权交易，也必须要求买卖双方将交易结果报政府部门或政府部门指定的交易机构进行登记或备案，以便于接受政府指导和监管。

5.2.2 供求机制

简单地说，供给与需求分别代表了市场中的卖方和买方，卖方为市场提供用于交易的产品或服务即构成供给，买方在市场中购买产品或服务即构成需求。供求机制表现为供求双方数量变化与利益变化的有机制约关系，供求机制有两个基本功能：第一，调节市场价值的形成过程，并迫使市场价格以市场价值为轴心上下波动；第二，调节生产者愿意继续供应的数量与消费者愿意继续购买的数量，使之趋向均衡。市场中供求双方在价格和数量同时平衡时即达到了市场均衡。在完全竞争市场中，当市场出现供不应求时，市场价格将呈现上涨趋势，卖方将愿意提供更多的商品，而一部分支付能力或购买意愿不强的买方将离开市场，这时供求将逐渐趋于一致，形成新的市场均衡；当市场出现供大于求时，市场价格将呈现下降趋势，卖方将减少市场供给，而买方的支付能力和购买意愿将上升，这时供求也将逐渐趋于一致，形成新的市场均衡。在以上变化过程中，决定供求价格与数量变化比例关系的是价格弹性系数，即市场价格每变化百分之一引起需求或供给数量变化的百分比。供求数量对价格越敏感，价格弹性系数越大，反之越小。如果供求数量完全不随价格变动，即价格弹性系数为零，则称为价格刚性。

氮氧化物排污权交易市场同样会受到供求机制的影响。在市场中有能力且愿意出售氮氧化物排污权的火电企业及其他市场主体越多，氮氧化物排污权的供给数量也就会越多，将驱使市场价格呈现下降趋势，反之则价格会呈现上涨趋势。同样，市场中需要购买氮氧化物排污权的火电企业越多，氮氧化物排污权的需求量就会上升，将驱使市场价格呈现上涨趋势，反之则价格会呈现下降趋势。氮氧化物排污权的供给与需求数量在很大程度上取决于环境容量、氮氧化物治理的技术水平以及政府环境治理目标和环保政策，因为环境容量以及政府环境治理目标和环保政策决定了火电行业氮氧化物排放总量的控制目标和每一家火电企业的初始分配数量，氮氧化物治理的技术水平决定了每一家火电企业实际能够削减的氮氧化物数量，也就进一步决定了实际的排放数量。初始分配数量与实际排放量之间的差额即为火电企业在市场上可以出售或需要购买的排污权数量，如果初始分配数量大于实际排放量，那么企业可以将多余的氮氧化物排污权在市场上出售，反之则需要从市场上购买。上述性质决定了火电行业氮氧化物排污权交易市场上的供需数量与市场价格有一定的相关性，但不会特别敏感，即弹性系数相对较小。

按照国家相关规划，“十二五”期间我国将在新增煤电装机容量3亿kW、气电装机容量3000万kW的情况下，火电行业氮氧化物排放量需要从1055万t下降到750万t，下降幅度达到29%，比全国平均水平高19个百分点，比工业行业的平均水平高14个百分点。这意味着我国现役火电机组需要承担十分艰巨的氮氧化物减排任务，平均排放绩效需要从3.1g/（kW•h）（氮氧化物排放量取1055万t，因此与前面有关章节口径不一致）下降至1.5g/（kW•h），平均脱硝效率需要达到75%以上，通过提高脱硝效率达到超额减排然后通过排污权交易市场进行出售的空间很小，或者说即使企业有剩余的排污权也不一定会选择出售而是愿意自己储存以便将来发展时使用，因此我国火电行业氮氧化物排污权交易市场的供给有可能出现严重不足。如果允许其他行业或分散污染源参与到火电行业氮氧化物排污权交易市场中，将在一定程度上增加市场的供给量，但很难从根本上缓解严重供不应求的矛盾。另外，五大发电集团以及神华集团、华润电力、广东粤电、国投电力和浙能集团等火电装机容量排全国前十名的企业合计火电装机容量占全国的比例将近 70%，政府应加强监管，一方面重点抓好这些企业的氮氧化物治理工作，促进全国总体目标的实现；另一方面要避免这些企业在氮氧化物排污权交易市场中形成寡头垄断，阻碍公平交易和自由竞争。

因此，“十二五”期间为了使 3.3 亿 kW 的新建火电机组同步建设脱硝设施，同时超过 4 亿 kW 在役火电机组集中进行脱硝设施改造，现阶段完全靠排污权交易等经济手段为引导是难以实现减排目标的。笔者认为在初期阶段还必须主要依靠行政手段和法律手段强制推进，同时辅之以排污权交易等经济手段，提高火电企业的积极性和主动性。当我国火电行业基本完成氮氧化物集中治理的“攻坚战”、进入平稳期后，这时可以在法律的框架下，采取排污权交易等经济手段为主、行政手段为辅的方式，必然会起到事半功倍的效果。

现阶段为鼓励各大型发电集团大规模集中实施火电机组氮氧化物治理，可以借鉴美国的气泡政策和储存政策（详见 1.2.2 小节）。各发电集团现阶段集中进行火电机组氮氧化物治理后节余的排污权，一方面应允许其在集团内部跨区域无偿调配使用或建立集团内部排污权交易市场进行有偿转让，即把整个集团当做一个气泡，只要气泡内的排放总量不超过初始分配数额就行；另一方面应允许集团将节余的排污权储存起来，可以留到以后供新发展项目使用，增强大型发电集团在排污权使用上的自主权，这样可以更加充分地调动各集团实施火电企业氮氧化物治理的积极性。当然，为了防止各集团将节余的氮氧化物排污权过多地储存起来而不投放到市场进行交易，加剧供需矛盾，可以规定一个允许储存的最大比例，超过的部分必须在市场上进行出售。

5.2.3 定价机制

Woerdman 认为，科学合理的排污权定价机制是影响排污权市场表现的重要因素，在很大程度上决定了排污权交易的市场总量和活跃程度。排污权交易价格的随意性、主观性和盲目性均可能导致市场无效，由此可见排污权交易的定价机制对交易效果是至关重要的。关于排污权交易的定价机制，近年来国内外很多学者进行过深入研究，从不同角度提出了许多真知灼见，王世猛等人对国内外排污权交易定价机制的研究成果进行了整理，主要情况见表 5–2。

表 5–2 国内外关于排污权定价机制的主要研究成果汇总

作者	年份	研究方法	研究成果	不足之处
Springer	2004	数据统计分析法	用数据分析法分析讨论了排污权的价格	定价模型中未充分体现交易成本、市场垄断等因素
Carolyn	2008	机会成本法	侧重研究了环境政策和公众参与对排污权定价的影响	未考虑成本减少潜力、研究与开发成本对排污权定价的影响
Chao-ning Liao	2009	成本计算法	以成本结构和减排目标为参考因素，构建了定价模型	决策变量的筛选及决策变量是否连续可微成为均衡价格的决定因素
Rene Juri	2009	风险中性简化式模型	构建了风险中性简化式模型，研究了排污权定价问题	涉及的模型参数难以赋值
徐自力	2003	博弈理论	从博弈论角度探讨了交易指标的定价策略	该模型简单，设计情景过于理想化
黄桐城	2004	数学模型法	从治污成本和排污收益角度构建了定价数学模型	未考虑市场供求对定价的影响因素
李赤林	2005	收益计算法	从收益角度构建了定价模型	未充分考虑排污权受让方的治污成本
林云华	2009	供需平衡理论	在完全竞争市场条件下分析了排污权交易的价格形成机制	未对交易市场非完全竞争模式进行探讨研究
胡庆年	2011	成本定价法	以治污成本为基础，构建了 COD、SO_2 定价数学模型	部分模型参数的选取具有不确定性

上述研究方法和模型各有利弊，分别适用于不同的条件和市场。我国火电行业氮氧化物排污权交易具有起步晚、市场主体少、机制不完善、经验匮乏等特点，因此笔者认为现阶段应该按照“宜粗不宜细、宜简不宜繁”的原则设计定价机制，以提高广大火电企业参与氮氧化物排污权交易的积极性和主动性，先将火电行业氮氧化物排污权交易市场培育起来，在过程中逐渐积累经验，不断修订完善定价机制。因此，现阶段采用中国传统的“成本加成”定价方法比较容易让人接受和理解，且集中了供需平衡理论和成本定价法的优点。

根据第 3 章和第 4 章的研究成果，在火电企业氮氧化物排污权初始分配数量（D_f）既定的情况下，该企业在市场中应该买入还是卖出氮氧化物排污权主要取决于其最优脱除量（N_3），因为假设该企业进行氮氧化物治理之前的排放量为 N_1，那么脱除 N_3 数量后的实际氮氧化物排放量 $N_0=N_1-N_3$。如果 $D_f>N_0$，则表示该企业有多余的氮氧化物排污权可以在市场上出售，可以出售的数量为 D_f-N_0；如果 $D_f<N_0$，则表示该企业应该从市场上买进氮氧化物排污权，买进的数量应该为 N_0-D_f。按照 3.2.3 小节的研究成果，买卖双方的最优脱除量都是由其边际治理成本决定的，如果边际治理成本高于社会平均边际治理成本，那么其最优脱除量将处于较低的水平，则实际排放量将处于较高的水平，因此需要买进氮氧化物排污权，反之则可以卖出。

作为卖方来说，其期望的卖价应该由边际治理成本、交易费用、税金及合理的利润四部分组成。卖方定价的出发点是其自身的边际治理成本，但在完全竞争市场中市场达到均衡价格时的边际治理成本应该等于社会平均边际治理成本。Bohi 等人认为排污权交易费用应该包括搜索成本、谈判成本、审定成本、监测成本、实施成本、保险成本等，李寿德认为建立良好的市场秩序有助于降低交易费用并可以提供一个健全的价格信号体系。在 5.2.1 小节所述的三种交易方式中，一般来说协商谈判方式的综合交易费用最低，拍卖方式其次，多边交易方式最高。税金一般包括所得税和增值税等，为鼓励氮氧化物排污权交易，促进氮氧化物治理目标如期实现，笔者建议政府应该免除火电行业氮氧化物排污权交易的一切税费。林云华等人认为排污权交易价格中还应该包含卖方将这部分排污权转让给竞争对手而带来的机会成本，笔者认为由于机会成本难以准确计量，如同卖方对利润的期望一样具有较大的主观性，因此可以纳入卖方对利润的预期一并考虑，由卖方的心里预期和市场供求关系决定。

作为买方来说，之所以愿意出资购买氮氧化物排污权，一方面是出于法律和政府的强制要求，另一方面是受到利益驱动。如果不考虑政府强制等非市场因素，那么企业心里价位的最大值应该等于买入这部分排污权所能给其带来的利润。因此可以将其未来的利润采取已知终值求现值的方法（P/F，i，n）计算购买价格。假设购买这部分氮氧化物排污权未来能给其带来的总利润为F，使用年限为n，期望的年收益率为i，那么买方愿意出的最高买价为$P=\frac{F}{(1+i)^n}$。

买卖双方从各自期望的心理价位出发，最终通过协商谈判、拍卖或中介机构撮合等方式就氮氧化物排污权交易的价格和数量达成一致。在市场供求机制的调节下，最终将形成市场均衡。市场均衡价格将围绕着由火电行业氮氧化物社会平均边际治理成本所决定的价值上下波动。

5.3 政府规制

排污权交易的本质属性是利用市场机制将环境污染的外部成本内

部化，并充分发挥市场对资源配置的决定性作用，尽量减少环境污染行为，实现环境保护目标。然而，在市场经济中经常由于存在不完全竞争、信息不对称、搭便车、逆向选择等现象而引发市场“失灵”；同时詹姆斯·M·布坎南在《自由、市场和国家：20 世纪 80 年代的政治经济学》（Liberty，Market and State：Political economy in the 1980's）一书中指出，政府是由政治家和公务员组成的群体，他们都是追求利益最大化的“经济人”，“看得见的手”往往以矫正市场“失灵”为理由过度干预市场，因此政府也存在“失灵”的可能。无论市场“失灵”还是政府“失灵”都可能导致市场秩序混乱和市场效率低下，因此适当的政府规制是排污权交易市场有效运行的重要保障。

政府规制是由行政机构制订并执行的直接干预市场配置机制或间接改变企业和消费者供需决策的一般规则或特殊行为。政府规制一般分为经济性规制和社会性规制两类：经济性规制主要是指为了提高资源分配的效率，政府机关运用法律手段，通过审批等方式对企业的进入、退出、价格、产量、并购等方面进行规制；社会性规制主要是指以保护国民的健康、卫生和安全，防治公害和保护环境为目的，政府对社会经济主体所提供的商品和服务的质量设置一定的基准和限制。同时，政府规制作用的有效发挥，需要一整套公认的并且能够得以实施的法律规范，以规范政府规制法律关系，规范各种国家机关行为，限制违法行政行为，确保政府规制体制运行的效率。因此，本节将重点从法律规范、经济规制和社会规制三个方面来研究火电行业氮氧化物排污权交易的政府规制问题。

5.3.1 法律规范

2004 年 7 月 1 日起开始施行的《中华人民共和国行政许可法》（第十届全国人民代表大会常务委员会第四次会议通过）第九条规定：依法

取得的行政许可，除法律、法规规定依照法定条件和程序可以转让的外，不得转让。依据法学理论，排污权交易本质上属于私法主体之间的权利转让，而且各火电企业获得的氮氧化物排污权（尤其是政府以无偿方式分配给企业的部分）本质上属于政府的行政许可范畴（排污许可证）。因此，严格地说，火电企业开展氮氧化物排污权交易必须有明确的法律依据，否则是属于违反《中华人民共和国行政许可法》的违法行为。在我国现行的有关环境保护法律体系中，《中华人民共和国环境保护法》（2014 年 4 月 24 日第十二届全国人民代表大会常务委员会第八次会议修订）、《中华人民共和国大气污染防治法》（2000 年 4 月 29 日第九届全国人民代表大会常务委员会第十五次会议修订）和《中华人民共和国水污染防治法》（2008 年 8 月 28 日第十届全国人民代表大会常务委员会第三十二次会议修订）虽然分别提到了大气和水污染物的总量控制制度及排污许可证制度，但并未进一步延伸到排污权交易制度。原国家环境保护总局曾于 2008 年 1 月就《排污许可证管理条例》征求意见，该条例（征求意见稿）的第五条规定：国家鼓励排污者采取可行的经济、技术或管理等手段，实施清洁生产，持续削减其污染物排放强度、浓度和总量，削减的污染物排放总量指标可以储存，供其自身发展使用，也可以根据区域环境容量和主要污染物总量控制目标，在保障环境质量达到功能区要求的前提下按法定程序实施有偿转让。该条例应该说对排污权交易作出了原则性的规定，可以用来指导和约束排污权交易行为，但迄今为止该条例依然没有正式出台。最近两年，国家有关部门先后在《节能减排“十二五”规划》《重点区域大气污染防治“十二五”规划》等文件中提出了开展排污权交易的要求，但这些文件并不具有法律约束力。湖北、甘肃、浙江、河北、山西、广东等省以及银川、大连、台州等城市出台了地方性的排污权交易管理办法或排污许可证管理条例，对于促进和规范本地的排污权交易具有重要的作用。因此，迄今为止我国包括氮氧化物在内的排污权交易一直处于无法可依甚至存在违法嫌疑的尴尬境地。

笔者建议重点从以下四个方面加强包括火电行业氮氧化物在内的排污权交易的法制建设：

第一，排污权交易的法律地位。如前文所分析，迄今为止我国排污权交易尚无明确的法律依据，甚至还有违法之嫌，不利于充分发挥排污权交易在节能减排中的积极作用。建议进一步修订《中华人民共和国环境保护法》《中华人民共和国大气污染防治法》《中华人民共和国水污染防治法》等现行法律，就排污权交易的法律地位、法定程序、法律责任等作出原则性规定；进一步修订完善并尽快印发《排污许可证管理条例》或另行制订《排污权交易条例》等法规，就排污权交易的实施细则作出具体规定。

第二，市场主体和政府的行为规范。市场主体和政府在排污权交易中分别承担着不同的角色，其中市场主体包括买卖双方和中介机构。政府在排污权交易中可能存在双重身份：与其他市场主体具有同等法律地位的买方或卖方、承担监管职责的公权力执行机构。为充分发挥各方面的积极性，建立良好的市场秩序，促进公平竞争，应该以法律形式明确各方的行为规范，明晰各自的权利与责任，既要防止缺位也要防止越位。

第三，市场主体的准入条件。对市场主体的准入资格进行审查是政府规制的重要内容，但为了切实做到公开、公平、公正，准入条件必须以法律的形式予以明确。具体到火电行业氮氧化物排污权交易市场的准入条件，应该以相关法律和国家产业政策以及环境治理目标为依据，比如按规定必须限期予以关停的火电企业不能进入市场购买氮氧化物排污权指标、有环境违法行为且拒不整改的火电企业不准参与氮氧化物排污权交易、非政府组织或个人投资者参与排污权交易的资格要求等。

第四，违法行为的处罚机制。对于排污权交易中的违法行为必须依法追究法律责任，切实做到有法必依、违法必究。比如对于火电企业拒不按照规定安装污染物排放监测装置、未经许可偷排或超排污染物、非法进行排污权交易等违法行为，应该责令限期整改并处以高额罚款，情节严重的追究相关人员的法律责任，提高违法成本。

5.3.2 经济规制

针对火电行业氮氧化物排污权交易的经济规制应该重点放在总量控制与初始分配、市场准入、交易价格和反垄断等四个方面：

第一，总量控制与初始分配。对火电行业实行氮氧化物总量控制是开展排污权交易的前提条件，合理的初始分配方式又是顺利开展排污权交易、提高交易效率的重要保障。科学制定火电行业氮氧化物排放总量控制目标并将其以合理的方式分配给各区域和火电企业是政府的重要职责，而且上级政府对下级政府有监督的职责和权利。为引导下一级政府和各企业科学制定自身的氮氧化物治理规划，选择合适的减排路径，各级政府制定火电行业氮氧化物排放总量控制目标时应力争做到远近结合，既有中长期的减排目标，又有年度实施计划。对于初始分配，应该做到规则透明、信息公开，确保公平。

第二，市场准入。政府必须依法对参与氮氧化物排污权交易的市场主体的准入资格进行审查，严禁不符合条件的企业或其他投资主体参与氮氧化物排污权交易，以防止非法交易、囤积居奇等行为发生。对于违反相关法律法规、扰乱市场秩序的市场主体应该及时吊销其参与排污权交易的资格。

第三，交易价格。为防止市场主体操纵价格，政府可以依法制定最高和最低限价，当高于或低于限价范围时政府可以直接对交易价格进行干预。另外，政府本身作为市场交易主体，可以利用预留的排污权指标调节市场价格，当价格高于最高限价时，政府向市场抛售排污权指标，以平抑市场价格；当价格低于最低限价时，政府可以回购排污权指标，以提高市场价格。

第四，反垄断。五大发电集团以及神华集团、华润电力和国投电力等火电装机容量排全国前十名的企业合计火电装机容量占全国的比例将近 70%，它们无论是按现役火电机组分配的氮氧化物排污权数量还是未来新增火电机组的排污权需求数量均占有相当大的市场比例，很容易在市场中形成寡头垄断。广东粤电、浙能集团等省属国有电力企业在本区域的市场份额更大，单一企业都有足够的实力垄断该区域的氮氧化物排污权交易市场。因此，政府必须加强排污权交易市场中的反垄断规制，对于进行市场串谋、利用垄断优势限制市场供需和操纵价格的违法行为坚决予以查处。

5.3.3 社会规制

针对火电行业氮氧化物排污权交易的社会规制应该重点放在信息披露、在线监测和执行监督等三个方面：

第一，信息披露。政府对信息披露进行规制主要是为了解决信息不对称的问题，一般来说包括强制信息披露、控制错误或误导性信息两大类。政府可以强制要求有关市场主体和交易机构依法披露有关氮氧化物排污权交易的供需状况、市场价格等信息，依法向政府主管部门上报有关统计信息，同时要防止有关市场主体和交易机构发布虚假信息。充分而正确的市场信息能够减少高昂的搜寻成本并提升市场竞争。因此，政府对于拒不及时披露有关信息或故意披露虚假信息的行为应该依法予以严惩。

第二，在线监测。国家《节能减排“十二五”规划》中提出：建设县级污染源监控中心，加强污染源监督性监测，完善区域污染源在线监控网络，建立减排监测数据库并实现数据共享；强化重点用能单位、重点污染源和治理设施运行监管，推动污染源自动监控数据联网共享。为及时掌握各火电企业氮氧化物排放量的实际情况，政府一方面应监督所有火电企业按要求建设氮氧化物排放连续监测系统（continuous emission monitoring system，CEMS）并与环保主管部门实施联网，另一方面要监督保证该系统正常稳定运行，防止超排和偷排的行为发生。

第三，执行监督。对于市场主体达成的氮氧化物排污权交易，必须及时到政府主管部门进行登记并接受政府主管部门的监督。对于买方，应该及时增加其相应的氮氧化物排污权指标；对于卖方，应该及时核减其相应的氮氧化物排污权指标，确保不突破总量控制目标。对于市场中的不诚信、违约、欺诈等行为依法进行查处。

本 章 小 结

本章分别从不同角度研究了我国火电行业氮氧化物排污权交易的市场构成、市场机制、政府规制等内容，主要结论如下：

第一，现阶段我国火电行业氮氧化物排污权交易的市场主体宜以火电企业为主，逐步建设分级交易市场。从理论上说，火电企业、其他行业企业以及分散污染源、政府、非政府组织和个人投资者均可以参与火电行业氮氧化物排污权交易，而且增加市场主体有利于活跃市场交易，促进市场竞争。但由于我国火电行业氮氧化物排污权交易总体上还处于起步阶段，法律法规还不健全、政府规制能力还有待进一步提高，非政府组织和个人投资者参与市场交易有可能导致加剧市场供需矛盾和投机行为等负面影响，因此现阶段还不宜允许非政府组织和个人投资者参与火电行业氮氧化物排污权交易。为增加市场供给，促进总体环境目标实现，可以允许其他行业的工业企业以及分散的污染源参与火电行业氮氧化物排污权交易。作为与其他市场主体具有同等法律地位的政府，主要是利用预留的排污权指标参与市场交易，起到调节供需稳定价格的作用。根据实现氮氧化物治理目标的需要以及中国环保管理体系，火电行业氮氧化物排污权交易可以分为省级、区域（跨省）和全国三级市场，但现阶段宜以省级交易市场为主，京津冀、长三角、珠三角等地区可以率先建立区域交易市场，条件具备后再建立全国性交易市场。

第二，我国火电行业氮氧化物排污权交易市场近期可能出现严重供不应求的局面，现阶段火电行业氮氧化物治理需要综合运用法律、行政和经济手段。"十二五"期间，我国需要集中对超过4亿kW的现役火电机组进行脱硝设施改造，同时规划新增的超过3亿kW的火电机组需同步建设脱硝设施，在此基础上2015年全国火电行业氮氧化物排放总量须比2010年下降29%，火电行业氮氧化物治理的任务十分繁重，可以在排污权交易市场进行出售的氮氧化物排污权指标将十分有限，但需求却是巨大的，因此如果开展火电行业氮氧化物排污权交易有可能出现严重供不应求的局面。为了打好集中进行火电行业氮氧化物治理的"攻坚战"，现阶段应该主要依靠法律手段和行政手段强制推进，辅之以排污权交易等经济手段，多管齐下，多措并举。为了重点抓好五大发电集团以及其他大型发电集团的火电机组氮氧化物治理工作，一方面可以借鉴美国的气泡政策和储存政策，充分调动各企业的积极性；另一方面应该加强对这些大型发电集团的监管，防止在火电行业氮氧化物排污权交易市场中出现垄断，维护公平交易和自由竞争。

第三，“成本加成”法比较符合现阶段我国氮氧化物排污权交易的实际情况，市场均衡价格由社会平均边际治理成本决定。针对我国火电行业氮氧化物排污权交易起步晚、市场主体少、机制不完善、经验匮乏等特点，现阶段设计定价机制应该遵循“宜粗不宜细、宜简不宜繁”的原则，以提高广大火电企业参与氮氧化物排污权交易的积极性和主动性，先将火电行业氮氧化物排污权交易市场培育起来，在过程中逐渐积累经验，不断修订完善定价机制。我国传统的“成本加成”法比较容易让人接受和理解，比较适用于现阶段我国火电行业氮氧化物排污权交易。在完全市场竞争中，买卖双方都将从利润最大化的角度出发进行讨价还价，但市场均衡价格的决定因素是社会平均边际治理成本，边际治理成本高于社会平均水平的火电企业将选择从市场购买氮氧化物排污权，而边际治理成本低于社会平均水平的火电企业将选择加大投入然后把多余的氮氧化物排污权进行出售。

第四，加强法制建设和政府规制，促进氮氧化物排污权交易市场健康发展。目前我国开展排污权交易缺乏充分的法律依据，在政府规制以及交易各环节也基本无法可依。为了促进氮氧化物排污权交易市场健康发展，我国应加快包括氮氧化物在内的排污权交易的立法。近期应重点对《中华人民共和国环境保护法》《中华人民共和国大气污染防治法》《中华人民共和国水污染防治法》等现行法律进行修订，就排污权交易的法律地位、法定程序、法律责任等做出原则性规定；同时进一步修订完善并尽快印发《排污许可证管理条例》或另行制订《排污权交易条例》等法规，就排污权交易的基本程序、市场准入条件、处罚机制等实施细则作出具体规定。政府应从经济和社会两个方面，依法加强对氮氧化物排污权交易的规制，防止和矫正市场或政府“失灵”。

6

火电行业氮氧化物排污权交易总体框架与信息系统

前文依次对火电行业氮氧化物排污权交易的总量控制、初始分配、交易市场和政府规制等四个主要环节进行了深入分析，本章将在进一步梳理前文研究成果的基础上，充分考虑我国的基本国情和火电行业的实际状况，构建出我国火电行业氮氧化物排污权交易的总体框架。同时，为适应信息化建设的需要，提高管理效率，提出了我国火电行业氮氧化物排污权交易管理信息系统的设计思路和架构，以资实际工作者参考。

6.1 总体框架设计

通过对前文特别是第 4 章和第 5 章的研究成果进行梳理，我国火电行业氮氧化物排污权交易的总体框架可以用图 6–1 进行表述。

现就图 6–1 说明如下：

（1）**将全国火电行业氮氧化物排放总量控制目标分解为区域（跨省、省、地级市）总量控制目标**。现阶段全国宜按省进行分配和控制，京津冀、长三角、珠三角等经济发达、环境质量要求高的区域可以率先实行按区域进行分配和控制，广东、山东、江苏等火电装机规模大的省份可以将全省控制目标进一步分解为地级市控制目标，由地级市进一步分配至各火电企业。

（2）**直接对全国性大型发电集团进行总量控制**。为适应“十二五”

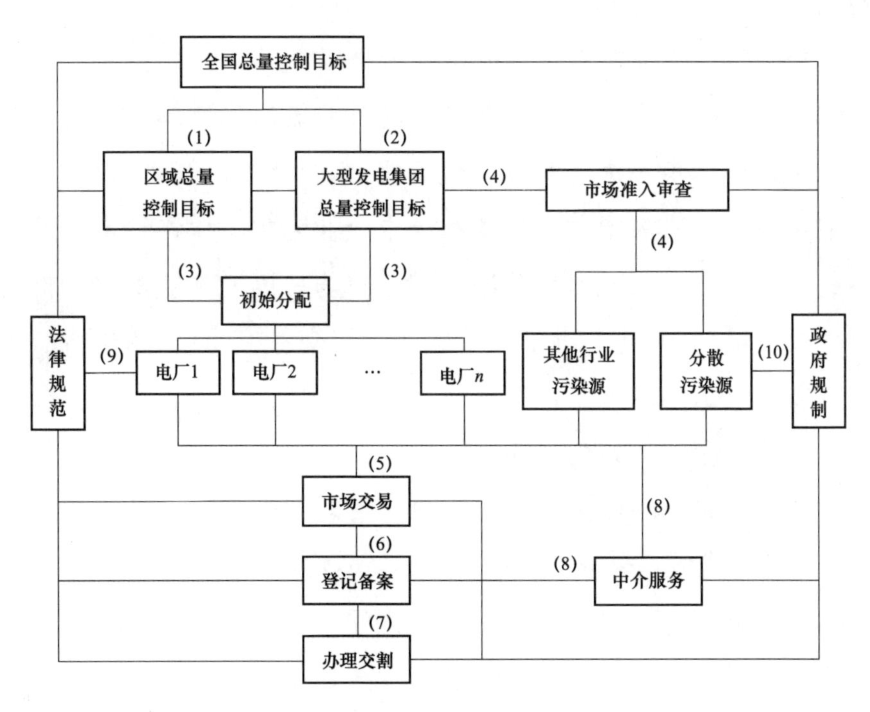

图 6–1　我国火电行业氮氧化物排污权交易总体框架

期间我国需集中大规模开展火电行业氮氧化物治理工作的需要，可以采取“条块结合”的方式，即对全国总量控制目标按区域进行分配的同时，对五大发电集团及神华集团等其他全国性的大型发电集团单独进行总量控制。广东、山东、江苏等火电装机规模大的省份也可以直接分配给省内的发电集团。对大型发电集团采取气泡政策和储存政策，增强大型发电集团进行氮氧化物治理的自主性和积极性，促进全国火电行业氮氧化物治理目标如期实现。

（3）**区域和大型发电集团总量控制目标确定后，在预留一定比例的基础上将氮氧化物排污权初始分配给各火电企业**。对现役火电机组宜采取无偿分配的方式取得氮氧化物排污权，按照实际排污量征收排污费；新建火电机组原则上通过交易方式有偿取得氮氧化物排污权，但在初始分配数量范围内不应再征收排污费。

（4）**政府有关部门依法对参与火电行业氮氧化物排污权交易的各类市场主体进行市场准入审查**。现阶段参与火电行业氮氧化物排污权交易的市场主体以大型发电集团和火电企业为主，允许符合市场准入条件的其他行业污染源以及分散污染源参与，以增加氮氧化物排污权的有效供给量。待火电行业氮氧化物排污权交易市场相对成熟后，可以考虑引入符合市场准入条件的非政府组织和个人投资者参与氮氧化物排污权交易，促进市场充分竞争。

（5）**各市场主体在交易机构按照一定的规则进行氮氧化物排污权交易**。交易方式可以采取拍卖、多边交易或协商谈判等方式，市场主体根据具体情况，与交易机构协商确定。为便于政府监管，防止非法交易，现阶段应该要求必须在交易机构进行场内交易。

（6）**买卖双方达成交易意向后到政府部门或指定机构登记备案**。分为两个程序：一是在买卖双方达成交易意向后先到政府部门或指定机构进行备案，作为交易合同生效的必要条件；二是买卖双方在交易合同正式生效、办理完成交割后再回到政府部门或指定机构进行登记，相应调增和核减买卖双方的氮氧化物排污权。为提高效率，两个步骤可以实行一体化办公。

（7）**买卖双方办理交割手续**。买卖双方签署交易合同并取得政府备案许可后，应及时办理交割手续，买方支付购买费用并取得氮氧化物排污权，卖方收取费用并调减氮氧化物排污权。

（8）**中介组织提供中介服务**。中介组织主要是为买卖双方提供经纪服务并收取一定的佣金，在市场交易、登记备案、办理交割等环节中充分发挥中介组织的专业化作用，比如提供信息咨询、费用结算、财务审计、办理相关手续等。

（9）**火电行业氮氧化物排污权交易必须依法开展**。我国应该加强包括火电行业氮氧化物在内的排污权交易的法制建设，就排污权交易的法律地位、法定程序、市场准入条件、市场主体及政府的行为规范、处罚机制等作出明确规定，规范和约束排污权交易行为。

（10）**政府规制体现在火电行业氮氧化物排污权交易的每一个环节**。确定火电行业氮氧化物总量控制目标并进行初始分配是政府义不容辞的责任，在信息披露、市场交易、在线监测等各个方面均离不开政府规制，以维持良好的市场秩序，及时矫正市场“失灵”。同时，政府规制也必须依法开展，防止“看得见的手”伸得过长，导致政府“失灵”。

6.2 信息系统建设

目前人类已经进入大数据时代，数字化带来的影响无处不在，购物、贸易、教育、医疗、管理、娱乐、社交、家庭、环境保护等方方面面都有涉及。党的十八大提出“坚持走中国特色新型工业化、信息化、城镇化、农业现代化道路，推动信息化和工业化深度融合”，信息化作为“新四化”之一，被提到了前所未有的高度。因此，在设计我国火电行业氮氧化物排污权交易制度的同时，同步规划和建设相应的管理信息系统，既是贯彻落实“十八大”精神的具体举措，也是提高环境管理水平和工作效率的自身要求。

结合 6.1 节构建的总体框架，我国火电行业氮氧化物排污权交易管理信息系统（emissions-trading management information system，EMIS）可以由用户管理子系统、指标管理子系统、交易管理子系统、监督管理子系统、信息管理子系统五个子系统构成。各子系统构成及相互关系如图 6–2 所示。

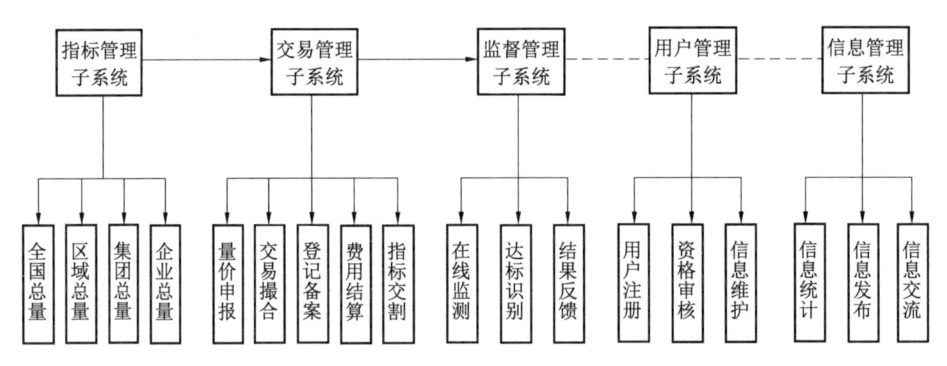

图 6-2　我国火电行业氮氧化物排污权交易管理信息系统（EMIS）结构

现就图 6-2 说明如下。

（一）指标管理子系统

该系统主要负责对氮氧化物排污权交易的总量控制和初始分配指标进行管理。软件开发人员事先将第 4 章的相关计算模型内置于软件系统中，当政府环保部门或企业的管理人员将相关基础数据录入进去以后，计算机则可以自动计算出一定时期内电力行业氮氧化物排污权的全国总量控制目标、区域总量控制目标、大型发电集团总量控制目标和企业的初始分配指标。除非经过特殊授权，计算结果无法人为进行干预。

（二）交易管理子系统

该系统主要负责对氮氧化物排污权的交易过程进行管理。系统的主要流程有：

（1）买方或卖方将自己需要进行交易的氮氧化物排污权的数量和价格发布在该系统中，系统按“价格优先、时间优先”的原则自动撮合成交，也可以由买卖双方通过其他方式达成交易。

（2）买卖双方达成交易意向后，在系统中进行备案，如果是由系统自动撮合成交则系统自动进行备案，如果是由买卖双方通过其他方式达成交易则可以由系统管理员将交易结果录入系统进行备案。软件开发人员事先将氮氧化物排污权交易的备案条件内置于软件中，在备案时系统具备自动对交易的合法性和有效性进行审查的功能。

（3）备案成功后，买卖双方进行费用结算，即由买方按照标的额向卖方支付氮氧化物排污权交易价款。该系统可以考虑与银行系统联网，通过该系统即可自动进行转账支付。

（4）最后由系统自动对买卖双方的氮氧化物排污权进行划转，即相应扣减卖方的氮氧化物排污权指标，相应增加买方的氮氧化物排污权指标。

（三）监督管理子系统

该系统主要负责对电力企业排污权初始分配指标及交易结果的执行情况进行监督。系统的主要流程有：

（1）对企业的氮氧化物实际排放情况进行监督。可以直接将该系统与企业安装的氮氧化物排放连续监测系统（CEMS）进行连接，对火电企业的氮氧化物排放情况进行实时监测。

（2）系统自动将企业实际排放情况的监测结果与初始分配指标（如果进行过排污权交易则是交易交割完成后的指标）进行比对，并将比对结果及时反馈给企业和政府环保管理部门。如果实际排放数量即将超过初始分配指标，则应提前对企业进行预警；如果已经超过则及时提醒政府环保管理部门采取措施进行制止，并给予相应的惩罚。

（四）用户管理子系统

该系统主要负责管理用户注册信息及市场准入资格审查。参与电力行业氮氧化物排污权交易的各市场主体需要首先在该系统进行注册，填报规定的信息。系统按照预设的市场准入条件自动对用户信息进行审核，符合准入条件的同意注册，否则拒绝注册。用户注册成功后可以根据实际情况对相关信息进行修改维护，修改后系统需对用户信息重新进行审核，修改后仍然符合准入条件才能保存，否则不能进行修改。

（五）信息管理子系统

该系统主要负责对相关信息进行统计、分析、发布，并提供信息交流的平台。系统自动对火电行业氮氧化物排污权总量控制、初始分配以及市场交易的相关信息进行统计，并可以考虑与政府环保管理部门的现行统计系统进行连接以便信息共享。系统按照预设格式和条件自动对系统内的相关信息进行统计分析，并在系统内进行发布，一方面可以实现信息共享，另一方面也便于企业与企业之间互相监督。另外，该系统还可以提供一个类似于 BBS（bulletin board system）的信息交流平台，供政府管理人员、系统用户等进行业务和信息交流。

本 章 小 结

本章从理论指导实践的角度出发，充分运用前面各章的研究结论，并吸纳了部分前人的研究成果，构建了与我国国情相适应的火电行业氮氧化物排污权交易的总体框架，同时提出了管理信息系统的建设思路。在开发全国或区域、省级火电行业氮氧化物排污权交易管理信息系统时，应结合交易机制和体系设计的实际情况，对业务流程进行全面梳理，然后制订具体的用户需求和开发方案，组织专业人员编写程序，以提高信息系统的实用性和可操作性。

7 结论与展望

7.1 主要结论

本书在对国内外排污权交易相关理论文献与实践情况进行梳理的基础上，依次对实施火电行业氮氧化物排污权交易的必要性和经济性、氮氧化物排污权交易的主要环节等进行了研究，提出了一些进一步改进和完善我国火电行业氮氧化物治理与排污权交易的建议，构建了我国火电行业氮氧化物排污权交易的总体框架及管理信息系统的设计思路。本书的主要结论如下：

第一，加快我国火电行业氮氧化物治理是建设美丽中国的必然要求。党的十八大描绘了建设美丽中国的宏伟蓝图，把生态环境保护提到了前所未有的高度，得到了世界各国的普遍赞扬和全国人民的积极响应。氮氧化物是酸雨、光化学烟雾的重要诱因，对人体和动植物健康以及生态环境均有重大危害。火电行业既是终端能源的重要提供者，又是一次能源的消耗“大户”，在建设美丽中国的征程中肩负着神圣的使命。火电行业在生产过程中不可避免地会向大气中排放一定数量的氮氧化物，“十一五”以来国家先后出台了一系列的政策措施促进火电行业氮氧化物治理，取得了积极成效，但目前我国火电行业氮氧化物治理任务还十分艰巨，经济发展对电力的需求与环境瓶颈制约之间的矛盾越来越凸显。因此，进一步加大工作力度，采取有效措施，加快火电行业氮氧化物治理，从对氮氧化物排放的浓度控制转向总量控制，实现经济发展与生态环境保护“双赢”，是建设美丽中国的必然要求。

第二，排污权交易制度是促进火电行业氮氧化物治理的重要手段。排污权交易制度起源于美国，在欧美等发达国家和地区已经得到广泛运用，对于促进生态环境保护和改善发挥了重要作用。排污权交易制度引入中国相对较晚，目前主要在二氧化硫、化学需氧量等污染物治理领域进行了少量的试点，针对氮氧化物的排污权交易从理论到实践均接近于空白。“十二五”期间，我国有超过 4 亿 kW 的现役火电机组需要完成脱硝设施改造，同时还有超过 3 亿 kW 的新建火电机组需要同步建设脱硝设施。为完成如此艰巨的任务，必须综合运用经济、法律和行政手段，多管齐下，多措并举，共同促进火电行业氮氧化物治理。在初期为强势推进火电行业氮氧化物治理，确保打赢这场集中治理的“攻坚战”，宜以法律手段和行政手段为主，排污权交易等经济手段为辅；在“攻坚战”后期或完成以后，火电行业氮氧化物治理工作进入相对平稳期，这时应逐渐加大排污权交易的作用空间，运用市场机制促进火电行业氮氧化物治理，充分发挥市场对资源配置的决定性作用，以达到事半功倍的效果。

第三，边际治理成本是火电行业氮氧化物最优脱除量和均衡价格的决定因素。按照微观经济学中新古典学派的厂商理论，企业作为“经济人”，追求利润最大化是其本质属性，而利润最大化的基本原则是边际利润等于边际成本。按照我国现行针对火电行业进行氮氧化物治理的排污收费制度和脱硝电价制度，火电企业进行氮氧化物治理的边际收益是恒定的，而边际治理成本却因为各企业在机组规模、设备利用状况、脱硝工艺路线、地理区域等方面的差异而有所不同。因此，在不考虑政府干预等非市场因素的情况下，任何一家理性的火电企业必然会将其氮氧化物治理的最优脱除量控制在边际治理成本等于边际收益的水平。氮氧化物总产生量与脱除量之差即为该企业的实际排放量，如果实际排放量高于初始分配的数量则需要在市场中买入排污权，反之则可以将剩余的排污权在市场中以高于边际治理成本的价格卖出。在完全竞争市场中，假设交易成本一定的情况下，氮氧化物排污权交易的价格将围绕社会平均边际治理成本上下波动，最终实现交易数量与交易价格的均衡。

第四，逐步培育分级分层的火电行业氮氧化物排污权交易市场是基于中国国情的现实选择。我国火电行业氮氧化物治理总体上处于起步阶段，治理任务十分艰巨，氮氧化物排放指标比较稀缺，实施排污权交易可能出现严重供不应求的局面，另外我国开展排污权交易的法律体系不完善，政府规制手段比较有限。因此，我国火电行业氮氧化物排污权交易市场需要逐步培育。根据目前我国环境保护行政管理体系的实际情况，现阶段火电行业氮氧化物排污权交易宜以省级交易市场为主，京津冀、长三角、珠三角等经济发达、环保要求高的地区可以率先建立区域交易市场，条件具备后再建立全国性交易市场，逐步形成省级、区域（跨省）和全国三级市场。现阶段火电行业氮氧化物排污权交易的市场主体宜以火电企业、其他行业企业、社会分散污染源和政府为主，发展到一定阶段后可以逐渐对非政府组织、个人投资者开放，以增加市场的活跃程度和充分竞争。

第五，加强法制建设和政府规制是火电行业氮氧化物排污权交易的重要保障。排污权交易的本质属性是利用市场机制将环境污染的外部成本内部化，并充分发挥市场对资源配置的决定性作用。然而，在市场经济中市场和政府均有可能“失灵”，导致市场秩序混乱和市场效率低下，为此需要加强法制建设和政府规制，防止或矫正市场与政府

“失灵”。我国火电行业氮氧化物排污权交易在培育和发展的过程中，首先必须建立健全相关的法律体系，以法律形式就排污权交易的法律地位、法定程序、法律责任等基本问题作出明确规定，规范政府和各类市场主体的行为。其次必须加强政府规制，包括总量控制、初始分配、市场准入、交易价格、反垄断等经济规制和信息披露、在线监测、执行监督等社会规制，充分发挥政府“守夜人”的职责，保持良好的市场秩序，在维护好排污权交易双方合法利益的同时，促进社会福利最大化，确保氮氧化物治理目标如期实现。

7.2 主要创新点

在本书写作之前以及写作过程中，笔者认真研读了国内外的相关文献，请教了一批业内的专家、学者，本书也充分吸取了前人的研究成果和实践经验。他山之石，可以攻玉。在前人的工作基础上，本书主要在以下三个方面做了一些新的探索：

第一，根据厂商理论推导了我国火电行业氮氧化物治理的最优脱除量计算模型。从公开的文献资料来看，目前针对我国火电行业氮氧化物治理成本与收益的分析，主要是结合具体的工程项目，对新建或改扩建脱硝设施的成本与收益情况进行测算，很少有文献站在火电行业的高度对氮氧化物治理的边际成本与边际收益展开分析。本书在全面研究了我国火电行业氮氧化物治理的边际成本与边际收益的基础上，运用微观经济学中新古典学派的厂商理论，推导出了我国火电行业氮氧化物治理的最优脱除量的计算模型，从而为火电企业在实行氮氧化物排污权交易的政策体系下是自己进行治理还是参与排污权交易的行为选择提供了理论依据。

第二，系统提出了火电行业氮氧化物排污权交易的总量控制与初

始分配的确定方法。总量控制和初始分配是排污权交易体系中不可或缺的两个重要环节，也是排污权交易的两个基本前提。国内外关于大气污染物总量控制和初始分配的确定方法和模型较多，但它们或者是针对二氧化硫等单项污染物的，或者是针对所有污染物的一般通用方法，且大多数都是单纯从环境容量的角度考虑的，鲜有综合考虑环境保护以及经济发展需要、行业发展实际等多种因素的。本书从我国的具体国情和火电行业的实际出发，综合考虑环境保护、经济发展需要以及行业发展实际等因素，在参考和借鉴相关理论研究成果的基础上，系统提出了火电行业氮氧化物排污权交易的全国总量控制目标、区域总量控制目标以及火电企业初始分配的基本原则和计算模型等，从实证分析结果来看这些方法简单实用，具有较强的可操作性。

第三，构建了我国火电行业氮氧化物排污权交易的总体框架和管理信息系统的设计思路。从公开的文献资料来看，目前专门针对我国火电行业氮氧化物排污权交易的理论研究几乎处于空白；部分省市出台的主要污染物排污权交易管理办法中虽然提及了氮氧化物，但由于缺少实施细则，并且关注的重点往往集中于化学需氧量、二氧化碳和二氧化硫等污染物，致使目前国内真正基于企业自主行为开展的氮氧化物排污权交易少之又少。在这种情况下，本书从理论出发，结合我国的实际情况，通过对火电行业氮氧化物排污权交易的各个环节逐一进行研究，最后构建了我国火电行业氮氧化物排污权交易的总体框架，并就管理信息系统的设计思路提出了设想，希望能够为我国火电行业氮氧化物排污权交易实践起到助推作用。

7.3 不足与展望

我国火电行业氮氧化物治理任重道远，发达国家的理论与实践表明排污权交易制度可以将市场机制引入到氮氧化物治理当中、起到事半功倍的效果。目前我国关于火电行业氮氧化物排污权交易的理论与实践均接近于空白，同时与排污权交易密切相关的治理成本和收益问题的研究也不够深入，尚有许多问题需要进一步从理论上予以厘清，才能更好地指导实践。因此，为促进我国火电行业氮氧化物治理目标如期实现，加强排污权交易以及治理成本与收益的理论研究显得尤为迫切，而且尚有较大的研究空间。

本书在借鉴前人研究成果的基础上，重点围绕我国火电行业氮氧化物治理技术、成本、收益以及排污权交易的主要环节进行了一些粗浅研究，构建了我国火电行业氮氧化物排污权交易的总体框架和信息系统建设思路，同时就火电行业氮氧化物治理成本与收益、总量控制目标确定和初始分配等构建了数学模型。受时间和水平的限制，笔者清醒地认识到，本书在研究的广度与深度方面都还远远不够，很多方面只是做了一些粗浅的探讨，期望能够抛砖引玉。笔者认为本人以及同行在今后的研究中可以将重点放在以下几个方面：

第一，关于火电行业氮氧化物最优脱除量的数学模型问题。按照我国现行政策，火电行业氮氧化物治理的直接经济效益主要由减征排污费、脱硝电价收入和政府补贴三部分组成。由于脱硝电价和政府补贴均与氮氧化物实际脱除量没有直接关系，因此氮氧化物治理的边际收益是恒定的，本书是在此基础上构建的火电行业氮氧化物最优脱除量的数学模型。随着我国火电行业氮氧化物治理工作不断深入，氮氧化物治理逐步从浓度控制转向总量控制，脱硝电价、政府补贴等相关政策不断完善，火电行业氮氧化物治理的边际收益将不再是恒定的，而是氮氧化物实际脱除量的函数，甚至是多个变量的函数，这时决定氮氧化物最优脱除量的数学模型需要做相应修正。

第二，关于垄断势力对火电行业氮氧化物排污权交易的影响问题。本书关于火电行业氮氧化物排污权交易的供求机制、定价机制等问题的研究，均是建立在完全竞争市场基础上的。而我国电力行业的现实情况是五大发电集团以及神华集团、华润电力、广东粤电、国投电力和浙能集团等火电装机容量排全国前十名的企业合计火电装机容量占全国的比例将近 70%，少数省属企业在本省内占的市场份额更大，也就是说我国火电行业氮氧化物排污权交易市场垄断势力是客观存在的。由于垄断势力的存在，排污权交易的供求机制、定价机制、竞争机制等都将发生变化，需要运用博弈论等经济学理论做进一步分析。

第三，关于火电行业氮氧化物排污权交易的法律体系建设问题。目前我国关于排污权交易的法律几乎为空白，甚至与现行相关法律还存在冲突，为促进排污权交易市场的健康发展，充分发挥市场机制在环境治理中的重要作用，我国应该加快包括火电行业氮氧化物在内的排污权交易法律体系建设。本书仅从排污权交易的法律地位、市场主体和政府的行为规范、市场主体的准入条件、违法行为的处罚机制等方面进行了十分粗浅的探讨，今后应该运用法学理论做更为系统和深入的研究。

附录A 煤电节能减排升级与改造行动计划（2014—2020年）

（发改能源〔2014〕2093号）

为贯彻中央财经领导小组第六次会议和国家能源委员会第一次会议精神，落实《国务院办公厅关于印发能源发展战略行动计划（2014—2020年）的通知》（国办发〔2014〕31号）要求，加快推动能源生产和消费革命，进一步提升煤电高效清洁发展水平，制定本行动计划。

一、指导思想和行动目标

（一）指导思想。全面落实“节约、清洁、安全”的能源战略方针，推行更严格能效环保标准，加快燃煤发电升级与改造，努力实现供电煤耗、污染排放、煤炭占能源消费比重“三降低”和安全运行质量、技术装备水平、电煤占煤炭消费比重“三提高”，打造高效清洁可持续发展的煤电产业“升级版”，为国家能源发展和战略安全夯实基础。

（二）行动目标。全国新建燃煤发电机组平均供电煤耗低于300克标准煤/（千瓦时）（以下简称“克/千瓦时”）；东部地区新建燃煤发电机组大气污染物排放浓度基本达到燃气轮机组排放限值，中部地区新建机组原则上接近或达到燃气轮机组排放限值，鼓励西部地区新建机组接近或达到燃气轮机组排放限值。

到2020年，现役燃煤发电机组改造后平均供电煤耗低于310克/千瓦时，其中现役60万千瓦及以上机组（除空冷机组外）改造后平均供电煤耗低于300克/千瓦时。东部地区现役30万千瓦及以上公用燃煤发电机组、10万千瓦及以上自备燃煤发电机组以及其他有条件的燃煤发电机组，改造后大气污染物排放浓度基本达到燃气轮机组排放限值。

在执行更严格能效环保标准的前提下，到2020年，力争使煤炭占一次能源消费比重下降到62%以内，电煤占煤炭消费比重提高到60%以上。

二、加强新建机组准入控制

（三）严格能效准入门槛。新建燃煤发电项目（含已纳入国家火电建设规划且具备变更机组选型条件的项目）原则上采用60万千瓦及以上超超临界机组，100万千瓦级湿冷、空冷机组设计供电煤耗分别不高于282、299克/千瓦时，60万千瓦级湿冷、空冷机组分别不高于285、302克/千瓦时。

30万千瓦及以上供热机组和30万千瓦及以上循环流化床低热值煤发电机组原则上采用超临界参数。对循环流化床低热值煤发电机组，30万千瓦级湿冷、空冷机组设计供电煤耗分别不高于310、327克/千瓦时，60万千瓦级湿冷、空冷机组分别不高于303、320克/千瓦时。

（四）严控大气污染物排放。新建燃煤发电机组（含在建和项目已纳入国家火电建设规划的机组）应同步建设先进高效脱硫、脱硝和除尘设施，不得设置烟气旁路通道。东部地区（辽宁、北京、天津、河北、山东、上海、江苏、浙江、福建、广东、海南等11省市）新建燃煤发电机组大气污染物排放浓度基本达到燃气轮机组排放限值（即在基准氧含量6%条件下，烟尘、二氧化硫、氮氧化物排放浓度分别不高于10、35、50毫克/立方米），中部地区（黑龙江、吉林、山西、安徽、湖北、湖南、河南、江西等8省）新建机组原则上接近或达到燃气轮机组排放限值，鼓励西部地区新建机组接近或达到燃气轮机组排放限值。支持同步开展大气污染物联合协同脱除，减少三氧化硫、汞、砷等污染物排放。

（五）优化区域煤电布局。严格按照能效、环保准入标准布局新建燃煤发电项目。京津冀、长三角、珠三角等区域新建项目禁止配套建设自备燃煤电站。耗煤项目要实行煤炭减量替代。除热电联产外，禁止审批新建燃煤发电项目；现有多台燃煤机组装机容量合计达到 30 万千瓦以上的，可按照煤炭等量替代的原则建设为大容量燃煤机组。

统筹资源环境等因素，严格落实节能、节水和环保措施，科学推进西部地区锡盟、鄂尔多斯、晋北、晋中、晋东、陕北、宁东、哈密、准东等大型煤电基地开发，继续扩大西部煤电东送规模。中部及其他地区适度建设路口电站及负荷中心支撑电源。

（六）积极发展热电联产。坚持“以热定电”，严格落实热负荷，科学制定热电联产规划，建设高效燃煤热电机组，同步完善配套供热管网，对集中供热范围内的分散燃煤小锅炉实施替代和限期淘汰。到 2020 年，燃煤热电机组装机容量占煤电总装机容量比重力争达到 28%。

在符合条件的大中型城市，适度建设大型热电机组，鼓励建设背压式热电机组；在中小型城市和热负荷集中的工业园区，优先建设背压式热电机组；鼓励发展热电冷多联供。

（七）有序发展低热值煤发电。严格落实低热值煤发电产业政策，重点在主要煤炭生产省区和大型煤炭矿区规划建设低热值煤发电项目，原则上立足本地消纳，合理规划建设规模和建设时序。禁止以低热值煤发电名义建设常规燃煤发电项目。

根据煤矸石、煤泥和洗中煤等低热值煤资源的利用价值，选择最佳途径实现综合利用，用于发电的煤矸石热值不低于 5020 千焦（1200 千卡）/千克。以煤矸石为主要燃料的，入炉燃料收到基热值不高于 14 640 千焦（3500 千卡）/千克，具备条件的地区原则上采用 30 万千瓦级及以上超临界循环流化床机组。低热值煤发电项目应尽可能兼顾周边工业企业和居民集中用热需求。

三、加快现役机组改造升级

（八）深入淘汰落后产能。完善火电行业淘汰落后产能后续政策，加快淘汰以下火电机组：单机容量5万千瓦及以下的常规小火电机组；以发电为主的燃油锅炉及发电机组；大电网覆盖范围内，单机容量10万千瓦级及以下的常规燃煤火电机组、单机容量20万千瓦级及以下设计寿命期满和不实施供热改造的常规燃煤火电机组；污染物排放不符合国家最新环保标准且不实施环保改造的燃煤火电机组。鼓励具备条件的地区通过建设背压式热电机组、高效清洁大型热电机组等方式，对能耗高、污染重的落后燃煤小热电机组实施替代。2020年前，力争淘汰落后火电机组1000万千瓦以上。

（九）实施综合节能改造。因厂制宜采用汽轮机通流部分改造、锅炉烟气余热回收利用、电机变频、供热改造等成熟适用的节能改造技术，重点对30万千瓦和60万千瓦等级亚临界、超临界机组实施综合性、系统性节能改造，改造后供电煤耗力争达到同类型机组先进水平。20万千瓦级及以下纯凝机组重点实施供热改造，优先改造为背压式供热机组。力争2015年前完成改造机组容量1.5亿千瓦，“十三五”期间完成3.5亿千瓦。

（十）推进环保设施改造。重点推进现役燃煤发电机组大气污染物达标排放环保改造，燃煤发电机组必须安装高效脱硫、脱硝和除尘设施，未达标排放的要加快实施环保设施改造升级，确保满足最低技术出力以上全负荷、全时段稳定达标排放要求。稳步推进东部地区现役30万千瓦及以上公用燃煤发电机组和有条件的30万千瓦以下公用燃煤发电机组实施大气污染物排放浓度基本达到燃气轮机组排放限值的环保改造，2014年启动800万千瓦机组改造示范项目，2020年前力争完成改造机组容量 1.5 亿千瓦以上。鼓励其他地区现役燃煤发电机组实施大气污染物排放浓度达到或接近燃气轮机组排放限值的环保改造。

因厂制宜采用成熟适用的环保改造技术，除尘可采用低（低）温静电除尘器、电袋除尘器、布袋除尘器等装置，鼓励加装湿式静电除尘装置；脱硫可实施脱硫装置增容改造，必要时采用单塔双循环、双塔双循环等更高效率脱硫设施；脱硝可采用低氮燃烧、高效率 SCR（选择性催化还原法）脱硝装置等技术。

（十一）强化自备机组节能减排。对企业自备电厂火电机组，符合第（八）条淘汰条件的，企业应实施自主淘汰；供电煤耗高于同类型机组平均水平 5 克/千瓦时及以上的自备燃煤发电机组，应加快实施节能改造；未实现大气污染物达标排放的自备燃煤发电机组要加快实施环保设施改造升级；东部地区 10 万千瓦及以上自备燃煤发电机组要逐步实施大气污染物排放浓度基本达到燃气轮机组排放限值的环保改造。

在气源有保障的条件下，京津冀区域城市建成区、长三角城市群、珠三角区域到 2017 年基本完成自备燃煤电站的天然气替代改造任务。

四、提升机组负荷率和运行质量

（十二）优化电力运行调度方式。完善调度规程规范，加强调峰调频管理，优先采用有调节能力的水电调峰，充分发挥抽水蓄能电站、天然气发电等调峰电源作用，探索应用储能调峰等技术。

合理确定燃煤发电机组调峰顺序和深度，积极推行轮停调峰，探索应用启停调峰方式，提高高效环保燃煤发电机组负荷率。完善调峰调频辅助服务补偿机制，探索开展辅助服务市场交易，对承担调峰任务的燃煤发电机组适当给予补偿。

完善电网备用容量管理办法，在区域电网内统筹安排系统备用容量，充分发挥电力跨省区互济、电量短时互补能力。合理安排各类发电机组开机方式，在确保电网安全的前提下，最大限度降低电网旋转备用容量。支持有条件的地区试点实行由“分机组调度”调整为“分厂调度”。

（十三）推进机组运行优化。加强燃煤发电机组综合诊断，积极开展运行优化试验，科学制定优化运行方案，合理确定运行方式和参数，使机组在各种负荷范围内保持最佳运行状态。扎实做好燃煤发电机组设备和环保设施运行维护，提高机组安全健康水平和设备可用率，确保环保设施正常运行。

（十四）加强电煤质量和计量控制。发电企业要加强燃煤采购管理，鼓励通过“煤电一体化”、签订长期合同等方式固定主要煤源，保障煤质与设计煤种相符，鼓励采用低硫分低灰分优质燃煤；加强入炉煤计量和检质，严格控制采制化偏差，保证煤耗指标真实可信。

限制高硫分高灰分煤炭的开采和异地利用，禁止进口劣质煤炭用于发电。煤炭企业要积极实施动力煤优质化工程，按要求加快建设煤炭洗选设施，积极采用筛分、配煤等措施，着力提升动力煤供应质量。

（十五）促进网源协调发展。加快推进“西电东送”输电通道建设，强化区域主干电网，加强区域电网内省间电网互联，提升跨省区电力输送和互济能力。完善电网结构，实现各电压等级电网协调匹配，保证各类机组发电可靠上网和送出。积极推进电网智能化发展。

（十六）加强电力需求侧管理。健全电力需求侧管理体制机制，完善峰谷电价政策，鼓励电力用户利用低谷电力。积极采用移峰、错峰等措施，减少电网调峰需求。引导电力用户积极采用节电技术产品，优化用电方式，提高电能利用效率。

五、推进技术创新和集成应用

（十七）提升技术装备水平。进一步加大对煤电节能减排重大关键技术和设备研发支持力度，通过引进与自主开发相结合，掌握最先进的燃煤发电除尘、脱硫、脱硝和节能、节水、节地等技术。

以高温材料为重点，全面掌握拥有自主知识产权的600℃超超临界机组设计、制造技术，加快研发700℃超超临界发电技术。推进二次再热超超临界发电技术示范工程建设。扩大整体煤气化联合循环（IGCC）技术示范应用，提高国产化水平和经济性。适时开展超超临界循环流化床机组技术研究。推进亚临界机组改造为超（超）临界机组的技术研发。进一步提高电站辅机制造水平，推进关键配套设备国产化。深入研究碳捕集与封存（CCS）技术，适时开展应用示范。

（十八）促进工程设计优化。制（修）订燃煤发电产业政策、行业标准和技术规程，规范和指导燃煤发电项目工程设计。支持地方制定严于国家标准的火电厂大气污染物排放地方标准。强化燃煤发电项目后评价，加强工程设计和建设运营经验反馈，提高工程设计优化水平。积极推行循环经济设计理念，加强粉煤灰等资源综合利用。

（十九）推进技术集成应用。加强企业技术创新体系建设，推动产学研联合，支持电力企业与高校、科研机构开展煤电节能减排先进技术创新。积极推进煤电节能减排先进技术集成应用示范项目建设，创建一批重大技术攻关示范基地，以工程项目为依托，推进科研创新成果产业化。积极开展先进技术经验交流，实现技术共享。

六、完善配套政策措施

（二十）促进节能环保发电。兼顾能效和环保水平，分配上网电量应充分考虑机组大气污染物排放水平，适当提高能效和环保指标领先机组的利用小时数。对大气污染物排放浓度接近或达到燃气轮机组排放限值的燃煤发电机组，可在一定期限内增加其发电利用小时数。对按要求应实施节能环保改造但未按期完成的，可适当降低其发电利用小时数。

（二十一）实行煤电节能减排与新建项目挂钩。能效和环保指标先进的新建燃煤发电项目应优先纳入各省（区、市）年度火电建设方案。对燃煤发电能效和环保指标先进、积极实施煤电节能减排升级与改造并取得显著成效的企业，各省级能源主管部门应优先支持其新建项目建设；对燃煤发电能效和环保指标落后、煤电节能减排升级与改造任务完成较差的企业，可限批其新建项目。

对按煤炭等量替代原则建设的燃煤发电项目，同地区现役燃煤发电机组节能改造形成的节能量（按标准煤量计算）可作为煤炭替代来源。现役燃煤发电机组按照接近或达到燃气轮机组排放限值实施环保改造后，腾出的大气污染物排放总量指标优先用于本企业在同地区的新建燃煤发电项目。

（二十二）完善价格税费政策。完善燃煤发电机组环保电价政策，研究对大气污染物排放浓度接近或达到燃气轮机组排放限值的燃煤发电机组电价支持政策。鼓励各地因地制宜制定背压式热电机组税费支持政策，加大支持力度。

对大气污染物排放浓度接近或达到燃气轮机组排放限值的燃煤发电机组，各地可因地制宜制定税收优惠政策。支持有条件的地区实行差别化排污收费政策。

（二十三）拓宽投融资渠道。统筹运用相关资金，对煤电节能减排重大技术研发和示范项目建设适当给予资金补贴。鼓励民间资本和社会资本进入煤电节能减排领域。引导银行业金融机构加大对煤电节能减排项目的信贷支持。

支持发电企业与有关技术服务机构合作，通过合同能源管理等方式推进燃煤发电机组节能环保改造。对已开展排污权、碳排放、节能量交易的地区，积极支持发电企业通过交易筹集改造资金。

七、抓好任务落实和监管

（二十四）明确政府部门责任。国家发展改革委、环境保护部、国家能源局会同有关部门负责全国煤电节能减排升级与改造工作的总体指导、协调和监管监督，分类明确各省（区、市）、中央发电企业煤电节能减排升级与改造目标任务。国家发展改革委、国家能源局重点加强对燃煤发电节能工作的指导、协调和监管，环境保护部、国家能源局重点加强对燃煤发电污染物减排工作的指导、协调和监督。

各省（区、市）有关主管部门，要及时制定本省（区、市）行动计划，组织各地方和电厂制定具体实施方案，完善政策措施，加强督促检查。国家能源局派出机构会同省级节能主管部门、环保部门等单位负责对各地区、各企业煤电节能减排升级与改造工作实施监管。各级有关部门要密切配合、加强协调、齐抓共管，形成工作合力。

（二十五）强化企业主体责任。各发电企业是本企业煤电节能减排升级与改造工作的责任主体，要按照国家和省级有关部门要求，细化制定本企业行动计划，加强内部管理，加大资金投入，确保完成目标任务。中央发电企业要积极发挥表率作用，及时将国家明确的目标任务分解落实到具体地方和电厂，力争提前完成，确保燃煤发电机组能效环保指标达到先进水平。

各级电网企业要切实做好优化电力调度、完善电网结构、加强电力需求侧管理、落实有关配套政策等工作，积极创造有利条件，保障各地区、各发电企业煤电节能减排升级与改造工作顺利实施。

（二十六）实行严格检测评估。新建燃煤发电机组建成后，企业应按规程及时进行机组性能验收试验，并将验收试验报告等相关资料报送国家能源局派出机构和所在省（区、市）有关部门。现役燃煤发电机组节能改造实施前，电厂应制定具体改造方案，改造完成后由所在省

（区、市）有关部门组织有资质的中介机构进行现场评估并确认节能量，评估报告同时抄送国家能源局派出机构。省（区、市）有关部门可视情况进行现场抽查。

新建燃煤发电机组建成投运和现役机组实施环保改造后，环保部门应及时组织环保专项验收，检测大气污染物排放水平，确保检测数据科学准确，并对实施改造的机组进行污染物减排量确认。

（二十七）严格目标任务考核。国家发展改革委、环境保护部、国家能源局会同有关部门制定考核办法，每年对各省（区、市）、中央发电企业上年度煤电节能减排升级与改造目标任务完成情况进行考核，考核结果及时向社会公布。对目标任务完成较差的省（区、市）和中央发电企业，将予以通报并约谈其有关负责人。各省（区、市）有关部门可因地制宜制定对各地方、各企业的考核办法。

（二十八）实施有效监管检查。国家发展改革委、环境保护部、国家能源局会同有关部门开展煤电节能减排升级与改造专项监管和现场检查，形成专项报告向社会公布。省级环保部门、国家能源局派出机构要加强对燃煤发电机组烟气排放连续监测系统（CEMS）建设与运行情况及主要污染物排放指标的监管。各级环保部门要加大环保执法检查力度。

对存在弄虚作假、擅自停运环保设施等重大问题的，要约谈其主要负责人，限期整改并追缴其违规所得；存在违法行为的，要依法查处并追究相关人员责任。对存在节能环保发电调度实施不力、安排调频调峰和备用容量不合理、未充分发挥抽水蓄能电站等调峰电源作用、未有效实施电力需求侧管理等问题的电网企业，要约谈其主要负责人并限期整改。

（二十九）积极推进信息公开。国家能源局会同有关部门、行业协会等单位，建立健全煤电节能减排信息平台，制定信息公开办法。对新建燃煤发电项目，负责审批的节能主管部门、环保部门要主动公开其节能评估和环境影响评价信息，接受社会监督。

（三十）发挥社会监督作用。充分利用12398能源监管投诉举报电话，畅通投诉举报渠道，发挥社会监督作用促进煤电节能减排升级与改造工作顺利开展。国家能源局各派出机构要依据职责和有关规定，及时受理、处理群众投诉举报事项，及时通报有关情况；对违规违法行为，要及时移交稽查，依法处理。

附录B 湖北省排污权交易的相关规定[1]

B.1 湖北省主要污染物排污权交易办法

第一条 为进一步推进主要污染物总量减排工作，建立健全主要污染物排污权有偿使用和交易制度，推行和规范主要污染物排污权交易活动，根据国家和省有关规定，制定本办法。

第二条 本办法适用于本省行政区域内主要污染物的排污权交易及其管理活动。

第三条 本办法所称主要污染物，是指实施污染物排放总量控制的四项主要污染物：化学需氧量、二氧化硫、氨氮和氮氧化物；所称排污权是指在排污许可核定的数量内，排污单位按照国家或者地方规定的排放标准向环境直接或者间接排放主要污染物的权利；所称主要污染物排污权交易是指在满足环境质量要求和主要污染物排放总量控制的前提下，排污单位对依法取得的主要污染物年度许可排放量在交易机构进行公开买卖的行为。

第四条 主要污染物排污权交易遵循自愿、公平、利于环境资源优

[1] 资料来源于湖北省环境保护厅网站，http://www.hbepb.gov.cn/hbyw/zljp/pwqjy/。湖北省是我国比较早开展主要污染物排污权交易的省份之一，2012 年 8 月 21 日湖北省人民政府印发《湖北省主要污染物排污权交易办法》（鄂政发〔2012〕64 号），2014 年 9 月 4 日湖北省环境保护厅同时印发了《湖北省主要污染物排污权交易办法实施细则》（鄂环办〔2014〕277 号）和《湖北省主要污染物排污权电子竞价交易规则（试行）》（鄂办环〔2014〕276 号）。考虑相关办法构成了关于排污权交易较为完整的体系，故整体摘录于此。

化配置、环境质量逐步改善的原则。

第五条 环境保护行政主管部门负责主要污染物排污权交易的指导、监督与管理。

第六条 主要污染物排污权交易机构由省环境保护行政主管部门审查确定。

第七条 主要污染物排污权交易主体为转让方和受让方。

转让方是指合法拥有可供交易的主要污染物排污权的单位。

受让方是指因实施建设项目（市、州以上环境保护行政主管部门负责审批环境影响评价文件的新建、改建、扩建项目），需要新增主要污染物年度排放许可量的排污单位。

第八条 排污单位通过实施工艺更新、清洁生产以及强化污染治理，主要污染物年度实际排放量少于年度许可排放量的，可以向所在地环境保护行政主管部门申请减排登记，减排量可以进行主要污染物排污权交易，也可以储备。

第九条 依法取缔、关闭的排污单位，其无偿取得的主要污染物排污权由省环境保护行政主管部门无偿收回。

第十条 转让无偿取得的主要污染物排污权所得收益，应当按照转让方的隶属关系向同级财政缴纳主要污染物排污权出让金。主要污染物排污权出让金标准和收取、使用办法，按现行有关规定执行。主要污染物排污权交易基价由省物价、财政、环保等部门根据我省主要污染物治理的社会平均成本、环境资源稀缺程度、经济社会发展水平和交易市场需求等因素测算研究制定。

第十一条 主要污染物排污权交易主体须向交易机构提交交易申请，建立交易账号。

第十二条 交易机构根据交易申请，在交易机构网站发布主要污染物排污权交易信息。主要污染物排污权交易信息应当包括以下内容：

（一）转让标的名称；

（二）转让标的基本情况；

（三）挂牌价格；

（四）挂牌时间及期限；

（五）其他需要披露的事项。

第十三条 交易机构应当建立电子交易系统，根据转让标的情况，采取电子竞价等方式实施交易。

第十四条 交易完成后，交易机构应及时向交易双方出具主要污染物排污权交易凭证。

第十五条 交易双方凭交易机构出具的主要污染物排污权交易凭证，到省环境保护行政主管部门办理主要污染物排污权交易确认手续。县以上环境保护行政主管部门根据省环境保护行政主管部门出具的主要污染物排污权交易确认文件，办理排污权申报登记变更手续，重新核发排污许可证。

第十六条 因实施建设项目（市、州以上环境保护行政主管部门负责审批环境影响评价文件的新建、改建、扩建项目）需要新增主要污染物年度许可排放量的，需在项目竣工环境保护验收前，根据环境影响评价文件批复确认的排放量，申购并取得相应的排污权。

第十七条 通过交易获得主要污染物排污权的排污单位，不免除环境保护的其他法定义务。

第十八条 环境保护行政主管部门工作人员和交易机构工作人员玩忽职守、滥用职权、徇私舞弊的，依法给予行政处分；构成犯罪的，依法追究刑事责任。

第十九条 主要污染物排污权交易管理细则由省环境保护行政主管部门负责制定。

第二十条 本办法自发布之日起施行，有效期五年。2008 年 10 月 27 日发布的《湖北省主要污染物排污权交易试行办法》同时废止。

B.2 湖北省主要污染物排污权交易办法实施细则

第一章 总 则

第一条 为优化环境资源配置，发展和规范排污权交易市场，推进主要污染物总量减排工作，根据《国务院关于清理整顿各类交易场所切实防范金融风险的决定》（国发〔2011〕38 号）、《国务院办公厅关于清理整顿各类交易场所的实施意见》（国办发〔2012〕37 号）、《湖北省主要污染物排污权交易办法》（鄂政发〔2012〕64 号）和相关法律法规，制定本实施细则。

第二条 本实施细则适用于湖北省行政区域内主要污染物的排污权交易及其管理活动。

第三条 凡参与主要污染物排污权交易的单位，无论转让或受让主要污染物排污权，均不免除环境保护的其他法定义务。

第四条 主要污染物排污权交易遵循自愿、公平、利于环境资源优化配置、环境质量逐步改善的原则。

第五条 各级环境保护行政主管部门要建立排污权信息管理台账，负责对本辖区内排污权交易实施跟踪管理，监督交易合同履行，并定期上报省级行政主管部门。

第六条 省物价、财政、环境保护行政主管部门负责组织全省主要污染物排污权交易竞价基价的测算和审核发布。

第七条 省财政、物价、环境保护行政主管部门负责制定全省主要污染物排污权出让金标准、收取、使用办法，并实施监督管理。

第八条 省、市（州）环境保护行政主管部门组织成立排污权储备管理机构，负责收储主要污染物排污权，并参与排污权交易活动。

省级排污权储备管理机构的排污权来源于省环境保护行政主管部门无偿收回的排污权和从排污权交易市场收购的排污权。

市、州级排污权储备管理机构的排污权来源于本级环境保护行政主管部门无偿收回的排污权、超额完成减排任务的减排量和从排污权交易市场收购的排污权。

第九条 湖北环境资源交易中心是经省人民政府批准设立的唯一的排污权交易机构，为全省排污权交易提供交易、鉴证、融资等服务。省环境保护行政主管部门为湖北环境资源交易中心的主管部门。

第十条 排污权交易服务费，由交易机构按省物价行政主管部门规定标准据实收取。

第二章 排污权的分配与管理

第十一条 各级环境保护行政主管部门依据湖北省主要污染物初始排污权核定分配的相关规定，按照分级管理的原则，核定排污单位主要污染物初始排污权。湖北省主要污染物初始排污权核定分配的相关规定由省环境保护行政主管部门负责制定并另行颁发。

省环境保护行政主管部门对全省初始排污权分配实施统一监督、指导。

市、州、直管市、林区环境保护行政主管部门负责本行政区域内国控、省控、市控排污单位主要污染物初始排污权的核定分配。

县（市、区）环境保护行政主管部门负责行政区划范围内其他排污单位主要污染物初始排污权的核定分配。

第十二条 下列项目的新增年度排放许可量，必须通过排污权交易市场有偿获得：

1. 2008 年 10 月 27 日至 2012 年 8 月 21 日，国家、省环境保护行政主管部门审批的建设项目新增的化学需氧量、二氧化硫年度排放许可量。

2. 2012 年 8 月 21 日之后市州及以上环境保护行政主管部门审批的建设项目新增的化学需氧量、二氧化硫、氨氮、氮氧化物年度排放许可量。

因实施上述建设项目的单位，未足额购买超出年度排放许可量部分排污权的，各级环境保护行政主管部门不予通过其项目环境保护验收。

第十三条 关闭、取缔、淘汰、破产企业的主要污染物排污权按下列办法处理：

1. 依法关闭、取缔、淘汰企业其无偿获得的主要污染物排污权由省环境保护行政主管部门无偿收回。

2. 被各级政府依法关闭、取缔企业其有偿获得主要污染物排污权的，企业可通过排污权交易市场进行转让，也可用于今后的转产项目，保留期为两年。

3. 合法企业自行关闭、破产，其拥有的排污权，无论是有偿获得的，还是无偿获得的，企业均可通过排污权交易市场进行转让，也可用于今后转产项目，保留期为两年。

第十四条 排污单位变更建设规模或建设内容的，须报环境保护主管部门对主要污染物排污权重新核定。

重新核定的新增排污许可量，大于重新核定排污许可量时，企业须有偿获得不足部分排污权；小于重新核定前排污许可量时，多余排污权可通过排污权交易市场进行转让。

第十五条 排污单位改组、兼并和分立等，应报原分配初始排污权的环境保护行政主管部门重新核定。排污单位兼并后的排污权大于兼并前各排污单位排污权之和的，超出部分应通过排污权交易市场获得。排污单位分立的，应报原分配初始排污权的环境保护行政主管部门对分立各子公司的排污许可量进行重新核定。

排污单位在原址改制、变更法人等，不涉及排污权和排污方式变化的，其原拥有的初始排污权指标继续有效。如需要新增排污权指标的，新增部分应通过排污权交易市场获得。

第三章 交易主体资质审查

第十六条 主要污染物排污权交易主体为转让方和受让方。

转让方是指合法拥有可供交易的主要污染物排污权的单位。受让方是指因实施建设项目（市、州及以上环境保护行政主管部门负责审批环境影响评价文件的新建、改建、扩建项目），需要新增主要污染物年度排放许可量的排污单位。

第十七条 主要污染物排污权转让方包括以下四方面：

1. 通过实施工艺更新、清洁生产以及强化污染治理，主要污染物年度实际排放量少于年度许可排放量的排污单位。

2. 自行关闭或破产的合法排污单位。

3. 因变更建设规模或建设内容，原有偿获得的排污权有富余的排污单位。

4. 各级排污权储备管理机构。

第十八条 通过实施工艺更新、清洁生产以及强化污染治理和自行关闭、破产的排污单位，拟进行主要污染物排污权交易，应如实填报《湖北省主要污染物排污权转让申请表》，向企业所在地市级环境保护行政主管部门提出申请，经企业所在地市级环境保护行政主管部门初审后，报省环境保护行政主管部门核准。

排污单位申请排污权转让时，应提交以下材料：

1.《湖北省主要污染物排污权转让申请表》；

2. 企业工商营业执照复印件；

3. 企业法人代表身份证复印件；

4.《排污许可证》复印件；

5. 总量认定的技术报告；

6. 其他需要出具的证明或资料。

复印件须加盖公章方为有效。

第十九条 排污权储备管理机构拟将储备的主要污染物排污权进行交易的相关规则由省环境保护行政主管部门另行制定。

第二十条 因建设项目需新增排污许可量的单位，应如实填报《湖北省主要污染物排污权受让登记表》，报出具环境影响评价批复文件的环境保护行政主管部门备案。

排污单位备案时应提交以下材料：

1.《湖北省主要污染物排污权受让登记表》；

2. 企业工商营业执照复印件；

3. 企业法人代表身份证复印件；

4. 建设项目环境影响报告书（表）及环评批复文件；

5. 其他需要出具的证明或资料。

复印件须加盖公章方为有效。

如特殊情况尚未进行工商登记的可暂不提交材料 2 和材料 3。

第二十一条 环境保护行政主管部门自收到转让方全部申请材料之日起，20 个工作日内完成审查工作。审查合格的，出具相关审查意见；审查不合格的，予以退回，并说明理由。

第四章 排污权交易方式

第二十二条 排污权交易一般采取电子竞价、协议转让以及国家法律、行政法规规定的其他方式：

（一）电子竞价。是指有两个以上符合条件的意向受让方，通过交易机构电子竞价交易系统在规定时间内连续报价，按照价格优先、时间优先的原则，确定受让方的交易方式。

（二）协议转让。是指转让方与意向受让方以协议的方式确定价格的交易方式。在下列情况可采取协议转让的方式：

1. 只有一个符合条件的意向受让方；

2. 意向受让方参加两次及以上电子竞价，但未能购得排污权。

（三）其他方式。是指国家法律、行政法规规定的其他方式。

第二十三条 采取电子竞价方式转让排污权时，由交易机构按照《湖北省主要污染物排污权电子竞价交易规则》组织实施。

第二十四条 储备管理机构与受让方采取协议转让方式时，以交易机构最近一次电子竞价最高成交价为协议价组织实施。

第二十五条 其他方式转让排污权时，按照国家法律、行政法规有关规定组织实施。

第二十六条 排污权交易竞价基价由省物价、环境保护行政主管部门根据主要污染物治理的社会平均成本，兼顾环境资源稀缺程度、交易市场活跃程度等影响因素定期组织测算，并由省物价、财政、环境保护行政主管部门定期审核发布。

第五章　排污权交易流程

第二十七条　排污权交易程序依次分为转让委托、转让委托受理、挂牌公告、意向受让登记、意向受让受理、确定交易方式、交易管理、成交签约、交易价款结算、受让保证金退还、交易鉴证与资金交割、排污登记或变更。

第二十八条　转让委托：排污权转让方须向交易机构提交《湖北省主要污染物排污权转让委托书》等转让委托文件。转让方对其所提交转让申请文件内容的真实性负责。

转让方须向交易机构提交以下文件：

1.《湖北省主要污染物排污权转让申请表》；

2.《湖北省主要污染物排污权转让委托书》；

3.《排污权交易授权书》；

4.《排污权交易承诺书》；

5. 税务登记证复印件；

6. 组织机构代码证复印件；

7. 交易机构要求出具的其他材料。

复印件须加盖公章方为有效。

第二十九条　转让委托受理：交易机构在收到所需全部申请文件之日起3个工作日内，对文件进行形式审查，审查通过的，向转让方出具《湖北省主要污染物排污权转让委托受理通知书》；审查不通过的，予以退回，并说明理由。

第三十条　挂牌公告：交易机构应根据转让方提交的转让委托文件，在受理排污权转让委托之日起 3 个工作日内完成制作《湖北省主要污染物排污权转让公告》，并在交易机构网站上刊登，公告有关排污权转让信息。挂牌公告期不少于 10 个工作日。

《湖北省主要污染物排污权转让公告》包括以下内容：

1. 转让标的名称；

2. 转让标的数量；

3. 交易竞价基价；

4. 挂牌时间及期限；

5. 受让方须具备的条件；

6. 受让登记时间；

7. 受让登记联系方式；

8. 其他需要披露的事项。

第三十一条 意向受让登记：挂牌公告时间同时为意向受让登记时间。意向受让方在受让登记时，以转让标的交易基价受让全部意向受让量所需金额的 30% 缴纳受让保证金，并向交易机构提交以下文件：

1.《湖北省主要污染物排污权受让登记表》；

2.《排污权交易授权书》；

3.《排污权交易承诺书》；

4.《排污权交易电子竞价操作代理授权书》；

5. 税务登记证复印件；

6. 组织机构代码证复印件；

7. 交易机构要求出具的其他材料。

复印件须加盖公章方为有效。

意向受让方对所提交意向受让申请文件内容的真实性负责。

第三十二条 意向受让登记期间，如转让标的情况发生变化，并可能影响排污权交易正常进行时，转让方应在挂牌前书面通知交易机构，交易机构经审查通过后调整挂牌公告内容。

第三十三条 意向受让受理：交易机构在收到所需全部申请文件之日起 3 个工作日内，对文件进行形式审查，审查通过的，出具《湖北省主要污染物排污权受让申请受理通知书》；审查不通过的，予以退回，并说明理由。

第三十四条 确定交易方式：

（一）经公开征集产生符合条件的意向受让方后，在挂牌公告期满之日起 3 个工作日内，由交易机构按照本规则第二十三条的规定，确定相对应的交易方式。

（二）交易机构在其网站发布交易方式确定通知，并告之转让方和已被受理受让申请的意向受让方。

第三十五条 交易管理：

（一）在环境保护行政主管部门规定时限内，受让方累计受让的污染物种类和数量不得超出建设项目环境影响评价批复文件批准的污染物种类和数量。

（二）转让方、意向受让方或其他相关主体在交易过程中发现以下情形的，可以向交易机构提出交易中止申请：

1. 转让标的权属不清或者存在权属纠纷的；

2. 转让方或标的企业的主体资格存在瑕疵或提供的材料虚假、失实的；

3. 转让方在转让过程中，对交易机构要求其作为的事项不作为或违规作为；

4. 意向受让方在参与受让过程中存在违反规定或约定，弄虚作假，恶意串通，对转让方、交易机构工作人员或其他相关人员施加影响，扰乱竞价交易活动正常秩序，影响竞价活动公正性的；

5. 影响交易进程的其他事项。

当事人提交中止申请，应当提供相关证据和事由说明。交易机构在收到中止申请后 5 个工作日内做出决定。决定中止的，应当出具中止决定书，确定中止期限，并在交易机构网站上进行公布；决定不予中止的，交易机构应向申请人书面说明理由。申请人及其他当事人对决定存在异议的，可以向交易机构的监管机构提出异议申请。

第三十六条 成交签约：

（一）采取电子竞价方式交易时，根据《中华人民共和国合同法》的有关规定和竞价结果正式签订《湖北省主要污染物排污权交易合同》。

（二）采取协议转让方式交易时，交易双方在交易机构组织下，根据协议价格签订《湖北省主要污染物排污权交易合同》。

（三）采取其他方式交易时，由交易机构按照国家法律、法规有关规定，组织交易双方正式签订《湖北省主要污染物排污权交易合同》。

（四）交易双方应在交易完成之日起 10 个工作日内签订《湖北省主要污染物排污权交易合同》。

第三十七条 交易价款结算：

（一）交易双方签订《湖北省主要污染物排污权交易合同》后，受让方此前缴纳的受让保证金用于冲抵交易价款，余款在《湖北省主要污染物排污权交易合同》签订之日起 10 个工作日内转入交易机构指定账户。

（二）交易价款实行统一结算。由交易机构设立专门账户，由省环境保护行政主管部门实施监督管理。

（三）交易价款应来源于受让方银行账户。

（四）交易价款统一以人民币结算。

第三十八条 受让保证金退还：

（一）没有通过资格审核的意向受让方，交易机构在公告期满之日起 10 个工作日内将保证金全额退还。

（二）意向受让方参与交易但没有取得受让权的，其保证金在交易结束之日起 10 个工作日内由交易机构全额退还。

（三）意向受让方取得一定的受让权但交易价款未达到受让保证金金额的，其受让保证金与交易价款差额部分在交易结束之日起 10 个工作日内由交易机构退还。

（四）意向受让方取得交易资格但未参加交易机构组织的交易的，或参与交易但不履行相关程序的，其所交保证金不予退还，交易机构根据受让量所需金额，将扣除交易双方服务费后的保证金转入转让方指定账户。

（五）已取得受让权的意向受让方，不按期与转让方签订《湖北省主要污染物排污权交易合同》的，或不履行《湖北省主要污染物排污权交易合同》的，视同放弃受让权，其缴纳的保证金不予退还，交易机构根据受让量所需金额，将扣除交易双方服务费后的保证金转入转让方指定账户。

（六）交易机构退还受让保证金时，不计利息。

第三十九条 交易鉴证与资金交割：

（一）交易机构在收到受让方全部交易价款和交易服务费，并完成结算手续后，由交易机构向交易双方出具《湖北省主要污染物排污权交易鉴证书》，同时抄报省及相关市、州环境保护行政主管部门。

（二）交易机构在向交易双方出具《湖北省主要污染物排污权交易鉴证书》之日起 10 个工作日内，交易机构将扣除交易服务费后的交易价款余额（不计利息）转入转让方指定账户。

第四十条 变更登记：交易双方各自凭《湖北省主要污染物排污权交易鉴证书》，到交易主体资格核准的环境保护行政主管部门办理主要污染物排污权交易确认手续。县级以上环境保护行政主管部门根据排污权交易确认文件，办理排污申报登记或变更手续，核发或重新核发排污许可证。

第六章 监 督 管 理

第四十一条 交易机构每年1月15日前，应向环境保护行政主管部门提交年度工作报告等相关材料。

第四十二条 地市级环境保护行政主管部门每年对主要污染物排污权交易双方上年度主要污染物排放情况审核，报省环境保护行政主管部门备案。

第四十三条 环境保护行政主管部门每年对交易双方执行主要污染物排放情况进行公告。公告内容如下：

1. 本区域所有新建、改建、扩建项目总量来源和排污权交易落实情况；

2. 主要污染物排污权交易基本情况（含所交易的主要污染物名称、数量、交易后交易双方主要污染物核准量等）；

3. 上年度交易双方主要污染物核定排放量；

4. 对超过核准排放量交易主体的环境行政处罚情况。

第四十四条 交易双方在交易过程中发生纠纷，可以向环境保护行政主管部门申请调解；也可以依据合同约定，申请仲裁或者向人民法院提起诉讼。

第四十五条 排污权交易必须在依法设立的排污权交易机构内按规定程序进行，严禁场外交易。

第四十六条 环境保护行政主管部门和排污权交易机构在排污权交易中应当为交易双方保守商业和技术秘密。

第四十七条 排污权交易双方和排污权交易机构应当自觉接受省政府金融办、环保、财政、物价、审计、监察等部门的监督和检查。

第七章 罚 则

第四十八条 在排污权交易过程中，交易双方有下列行为之一的，省环境保护行政主管部门有权终止排污权交易活动，或依法向人民法院提起诉讼，确认交易行为无效。

（一）未按本细则有关规定在交易机构进行交易的；

（二）转让方不履行相应的批准程序或者超越权限、擅自转让排污权的；

（三）转让方或受让方相互串通的。

第四十九条 交易双方如超出交易后核定的主要污染物年允许排放总量排放污染物，由负责核发其《排污许可证》的环境保护行政主管部门依法予以处罚；造成严重环境污染构成犯罪的，依法追究其法律责任。

第五十条 环境保护行政主管部门工作人员和交易机构工作人员玩忽职守、滥用职权、徇私舞弊的，依法给予行政处分；构成犯罪的，依法追究刑事责任。

第五十一条 交易机构如管理混乱，非法挪用出让金，严重扰乱交易市场的，省环境保护行政主管部门将依法终止委托，并向社会公告。

第八章 附 则

第五十二条 本细则由省环境保护厅负责解释。

第五十三条 本细则自发布之日起实施。2009 年 3 月 11 日印发的原《湖北省主要污染物排污权交易办法实施细则（试行）》和《湖北省主要污染物排污权交易规则（试行）》同步废止。

B.3 湖北省主要污染物排污权电子竞价交易规则（试行）

第一章 总 则

第一条 为规范主要污染物排污权（以下简称排污权）电子竞价交易行为，维护交易双方合法权益，根据《湖北省主要污染物排污权交易办法》（鄂政发〔2012〕64号，以下简称《办法》）和《湖北省主要污染物排污权交易办法实施细则》（以下简称《实施细则》），制定本规则。

第二条 排污权电子竞价交易，是指两个以上竞买人通过交易机构电子竞价交易系统在规定时间内进行连续报价，按照价格优先、时间优先的原则，确定受让方的交易方式。

第三条 排污权电子竞价交易采取现场交易模式或网上交易模式开展交易。

第四条 排污权电子竞价交易应当遵守国家法律、行政法规，遵循自愿平等、诚实信用和公开、公平、公正的原则。

第五条 交易机构是本规则所称排污权电子竞价交易活动的组织机构，负责为排污权电子竞价交易提供场所及相关服务。

第六条 参加排污权电子竞价交易活动的交易双方，应仔细阅读交易机构《电子竞价系统操作指南》，严格遵守《办法》《实施细则》，按照本规则规定参加排污权电子竞价交易，并对自己执行本规则的行为负责。

第七条 省环境保护行政主管部门对全省排污权电子竞价交易过程进行监督；市州环境保护行政主管部门对本级排污权电子竞价交易过程进行监督。

第二章　电子竞价交易方式

第八条　参加电子竞价交易活动的必须是竞买人法定代表人或其授权代表。竞买人可以通过《湖北省排污权交易电子竞价操作代理授权书》委托竞价操作代理人替其进行电子竞价操作。

第九条　电子竞价交易采取分轮竞价的方式，针对每基本计量单位主要污染物排污权的价格进行竞价，产生一个受让方后，该受让方以其申请购买的最大数量（在转让标的余量允许的范围内）受让，该轮电子竞价交易结束。上轮竞价未取得受让权的竞买人，直接参加下轮竞价。

交易机构也可根据交易登记的受让方申购排污权的种类、数量差异较大情况，将排污权申购数量相近的竞买人集中起来组织竞价。

第十条　每轮电子竞价交易结束后，采取现场交易模式的，交易机构根据电子竞价交易系统确定的受让方、成交价格和受让数量，当场出具《湖北省排污权交易电子竞价成交确认单》，并由受让方签字确认；采取网上交易模式的，由电子竞价交易系统软件自动生成《湖北省排污权交易电子竞价成交确认单》，由受让方输入口令确认。

第十一条　上轮电子竞价交易结束后，转让标的已全部转让的，本场电子竞价交易结束。

第十二条　本场电子竞价交易结束后，获得受让权的竞买人，应根据《湖北省排污权交易电子竞价成交确认单》的价格签订《湖北省主要污染物排污权交易合同》。

第十三条　在规定时间内只有一个符合条件且办理了电子竞价登记确认手续的竞买人，或者竞买人参加两次及以上电子竞价，但未能购得排污权，由转让方与该竞买人采取协议转让方式，以交易机构最近一次电子竞价最高成交价为协议价组织实施。协议不成的，竞买人参加下一场交易。

第十四条 每轮电子竞价交易结束后，转让标的尚未全部转让，且仍有两个以上竞买人的，由交易机构组织下轮电子竞价交易。

第十五条 电子竞价交易报价开始后，在应价时间内没有一个竞买人应价的，本场电子竞价交易结束。

第十六条 电子竞价交易报价采取连续报价方式，竞买人在应价时间内通过电子竞价系统报价，报价指令未确认前可撤回或更改，经确认后，不得撤销。

第十七条 电子竞价的首次报价不低于竞价基价，再次报价高于前次报价，成为最新报价，原报价即丧失其约束力。

第十八条 电子竞价交易加价方式为规定加价幅度的整数倍。电子竞价加价幅度由转让方确定。加价幅度须为整数，且不得高于竞价基价的2%。

第十九条 当前最高报价均在交易机构电子竞价交易系统中即时显示，最高报价结果以电子竞价交易系统记录数据为准。应价时间截止，本轮最高报价即为成交价格，最高报价的竞买人即为受让方。

第三章 电子竞价交易流程

第二十条 排污权交易活动进入电子竞价交易程序时，竞买人缴纳的受让保证金自动转为竞价保证金。

第二十一条 竞买人法定代表人或其授权代表在规定时间、地点，使用交易机构提供的用户代码、口令，登录交易机构指定的电子竞价系统，进行电子竞价。

第二十二条 参加电子竞价的竞买人对其电子竞价系统登录用户

代码、口令负有保密责任，凡使用其用户代码所进行的一切竞价操作均为竞买人完全认可。

第二十三条 获得受让权的竞买人，应在《湖北省排污权交易电子竞价成交确认单》上予以签字确认。

第二十四条 获得受让权的竞买人与转让方签订《湖北省主要污染物排污权交易合同》。

第四章 法 律 责 任

第二十五条 竞买人出现以下情形之一的，视同该竞买人违约，交易机构有权取消该竞买人电子竞价资格，并全额扣除该竞买人竞价保证金：

1. 意向受让方取得电子竞价资格但未参加交易机构组织的电子竞价交易的；

2. 竞买人参加交易机构组织的电子竞价交易，但未按规定办理电子竞价交易登记确认手续的；

3. 竞买人未按规定登录电子竞价交易报价系统的；

4. 竞买人在本场电子竞价中未进行一次报价的；

5. 竞买人在电子竞价交易结束后，未按规定确认电子竞价交易结果的；

6. 竞买人出现扰乱电子竞价交易秩序的行为。

第二十六条 竞买人未按本规则进行操作，导致其竞价失败的，后果由竞买人自行承担。

第二十七条 因不可预见因素（不可预见因素指超出交易机构可控范围的并且无法避免或无法克服的事件，如地震、水灾、火灾、战争、单台电脑故障等）导致竞价交易无法正常进行的，交易机构不承担责任，但需另行确定时间重新组织交易。

竞买人因不可预见因素导致不能（或延缓）参与竞价系统报价的，该竞买人作为意外原因退出本场（轮）竞价处理，参与下场（轮）竞价。

第二十八条 已取得受让权的竞买人，放弃受让权的，转让标的仍归转让方所有，由交易机构另行组织交易。

第五章 附 则

第二十九条 本规则由湖北省环保厅负责解释和修订。

第三十条 本规则自发布之日起实施。2009 年 3 月 11 日印发的原《湖北省主要污染物排污权电子竞价交易规则（试行）》同步废止。

参 考 文 献

[1] 中华人民共和国国家统计局. 中国统计摘要 2012. 北京：中国统计出版社，2012：19.

[2] 赵景柱. 可持续发展与现代化. 呼和浩特：内蒙古教育出版社，2003：4–16.

[3] 胡锦涛. 坚定不移沿着中国特色社会主义道路前进为全面建成小康社会而奋斗——在中国共产党第十八次全国代表大会上的报告. 北京：人民出版社，2012：9–39.

[4] 中华人民共和国环境保护部. 中国环境统计年报 2012. 北京：中国环境科学出版社，2013：290–298.

[5] 国家环境保护总局. 中国环境统计年报 2005. 北京：中国环境科学出版社，2006：167–169.

[6] 张培刚，方齐云. 厂商理论的新进展. 经济学动态，1997，（8）：47–51.

[7] 保罗・萨缪尔森，威廉・诺德豪斯. 经济学. 萧琛等，译. 第 16 版. 北京：华夏出版社，1999：2，20–25，28.

[8] 曼昆. 经济学原理：微观经济学分册. 梁小民，梁砾，译. 第 6 版. 北京：北京大学出版社，2012：230.

[9] 亚瑟·赛斯尔·庇古. 福利经济学. 何玉长，丁晓欣，译. 上海：上海财经大学出版社，2009：91–106，112–119.

[10] 李德寿，柯大钢. 环境外部性起源理论研究述评. 经济理论与经济管理，2000，（5）：63–66.

[11] 斯蒂格利茨. 经济学：上册. 姚开建，刘凤良，吴汉宏等，译. 北京：中国人民大学出版社，1997：492–500.

[12] Coase R H. The problem of social cost. Journal of Law and Economics，1960，3（10）：1–44.

[13] Stavins R N. Transaction costs and tradable permits. Journal of Environmental Economies and Management，1995，29（2）：133–148.

[14] Cason T，Gandgadharan L. Transaction cost in tradable permit markets：an experimental study of pollution market designs. Journal of Regulation Economies，2003，23（2）：145–165.

[15] Dales J H. Pollution，Property and Prices. Massachusetts：Edward Elgar Publishing，Inc，2002：77–100.

[16] Montgomery D W. Markets in licenses and efficient pollution rights. Journal of Environmental Economics and Management，1972，(16)：38.

[17] Hahn R W，Hester G L. Where did all the markets go? An analysis of EPA's emission trading program. Yale Journal of Regulation，1989，(6)：109–153.

[18] Tietenberg T H. Economic instruments for environmental regulation. Oxford Review of Economic Policy，1991，6 (1)：17–33.

[19] Atkinson S E，Tietenberg T H. Market failure in incentive based regulation：the case of emission trading. Journal of Environmental Economics and management，1991，21 (1)：17–31.

[20] Fullerton D，Metcalf G. Environmental controls，scarcity rents，and pre–existing distortions. Journal of Public Economics，2001，80 (2)：249–267.

[21] Muller R A，Mestelman S，Spraggon J，Godby R. Can doble auctions control monopoly and monopsony power in emissions trading markets. Journal of Environmental Economics and Management，2002，(44)：70–92.

[22] Lutter R，Shogren J F. Tradable permit tariffs：How local air pollution affects carbon emissions permit trading. Land Economics，2002，78 (2)：159–170.

[23] Axel M. Policy integration as a success factor for emissions trading. Environmental Management，2004，33 (6)：765–775.

[24] Kemfert C，Michael K，Protsenko A，Phuoc T. The environmental and economic effects of European emissions trading. Climate Policy，2006，6 (4)：441–455.

[25] Pablo D R. Interactions between climate and energy policies：the case of Spain. Climate Policy，2009，9 (2)：119–138.

[26] Emanuele M，Massimo T. A developing Asia emission trading scheme. Energy Economics，2012，34 (12)：436–443.

[27] Larelle C，Peter M. Clarkson，Daniel L G. The cost of carbon：Capital market effects of the

proposed emission trading scheme（ETS）. Abacus，2013，49（1）：1–33.

[28] Chris P A，Dekkers. NO_x emission trading in a European context：Discussion of the economic，legal，and cultural aspects. The Scientific World Journal，2001，（1）：958–967.

[29] Winston H，Richard D. Morgensten，Thomas S. Choosing Environmental Policy：Comparing Instruments and Outcomes in the United States and Europe. Washington DC：Resources for the future，2004：117–153.

[30] Huilan L. Economic Evaluation of Air Pollution Reduction of Phase I Power Plants in West Virginia. Thesis. West Virginia University，2006：95–118.

[31] Yihsu C. Analyzing Interaction of Electricity Markets and Enviromental Policies Using Equilibrium Models. Thesis. The Johns Hopkins University，2007：65–93.

[32] Bernd H，Ralf A，Marianne S. Permit Trading in Different Applications. New York：Routledge，2011：15–39.

[33] 马中，杜丹德. 总量控制与排污权交易. 北京：中国环境科学出版社，1999：178–185.

[34] 宋国君. 排污权交易. 北京：化学工业出版社，2004：89–90.

[35] 2012 EPA Allowance Auction Results. [2012–03–28] http://www.epa.gov/airmarkets/trading/2012/12summary.html.

[36] 王金南，杨金田，严刚，等. 电力行业排污交易设计. 北京：中国环境科学出版社，2011：58–65.

[37] 郑爽. 日本执行清洁发展机制（CDM）的动向. 中国能源，2003，（3）：18–24.

[38] 蔡守秋. 论排污权交易的法律问题//适应市场机制的环境法制建设问题研究——2002 年中国环境资源法学研讨会论文集. 西安：中国法学会环境资源法学研究会，2002：1–12.

[39] 赵文会. 排污权交易市场理论与实践. 北京：中国电力出版社，2010：69，101–103.

[40] 宋国君，刘帅，马本. 关于排污权交易问题的思考. 中国环境报，2012–01–03.（002）.

[41] 孙立，李俊清. 可利用的水与环境库兹涅茨曲线的拓展和分析. 科学技术与工程，2004，4（5）：403–408.

[42] 李寿德，王家祺. 初始排污权不同分配下的交易对市场结构的影响研究. 武汉理工大学学

报（交通科学与工程版），2004，28（1）：40–43.

[43] 彭江波. 排污权交易作用机制与应用研究. 北京：中国市场出版社，2011：105–126.

[44] 王春昌. 脱硝设备入口 NO_x 浓度经济值的控制. 中国电力，2013，46（1）：86–89.

[45] 刘建民，薛建明，王小明，等. 火电企业氮氧化物控制技术. 北京：中国电力出版社，2012：29–42，234–258.

[46] 王志轩，张建宇，潘荔，等. 中国电力减排研究：中国电力行业减排成效及非化石能源发电情景分析 2011. 北京：中国市场出版社，2011：24，25，53.

[47] 二氧化硫排放总量控制及排污权交易政策实施示范工作组. 中国酸雨控制战略：二氧化硫排放总量控制及排污权交易政策实施示范. 北京：中国环境科学出版社，2004：12–21，42–43.

[48] 解振华. 中国应对气候变化的政策与行动——2012 年度报告. 北京：中国环境出版社，2013：31.

[49] 马昭，耶炜玮. 5 企业分享 380t 氮氧化物排污权. 西安日报，2011–12–24（2）.

[50] 肖颖，冯永强. 陕西启动氮氧化物排污权交易. 中国环境报，2012–01–06（1）.

[51] 陕西环境权交易所. 陕西省 2013 年首次污染物排污权交易会成功举行. [2013–03–13]. http://www.sxerex.com/News.asp.

[52] 李玮锋. 长株潭环境治理推出新举措——下月起排污权可有偿出让. 湖南日报，2010–09–05（1）.

[53] 白江宏，侯元松. 我区排污权交易试点工作启动. 内蒙古日报（汉），2011–02–16（2）.

[54] 徐俊华，周迎久. 河北排污权交易全面推开——上项目要买排放指标. 中国环境报，2011–07–29（1）.

[55] 张剑雯. 山西排污权交易在试水中前行. 山西经济日报，2012–08–19（1）.

[56] 李凌翌. 排污权交易公开竞价指标 5 年有效. 成都日报，2012–06–21（2）.

[57] 江汇，褚景春. 中国不同历史时期电力发展与电力体制改革关系的理论思考. 华北电力大学学报（社科版），2007（1）：14–16.

[58] 江汇. 深化电力体制改革正当其时. 宏观经济管理，2013，353（5）：60–64.

[59] 国家电力公司战略规划部. 电力统计工作指南. 北京：中国统计出版社，2002：98–107，149–151.

[60] 国家统计局. 中国统计摘要 2006. 北京：中国统计出版社，2006：23.

[61] 江汇，赵景柱，赵晓丽，范春阳. 中国火电行业环境外部性定量化分析. 中国电力，2013，46（7）：126–132.

[62] 黄成群，潘丽梅. 电力环境保护. 北京：机械工业出版社，2012：135–148.

[63] 中华人民共和国环境保护部. 中国环境统计年报 2007. 北京：中国环境科学出版社，2008：181–182.

[64] 中华人民共和国环境保护部. 中国环境统计年报 2008. 北京：中国环境科学出版社，2009：177–178.

[65] 中华人民共和国环境保护部. 中国环境统计年报 2009. 北京：中国环境科学出版社，2010：177–178.

[66] 中华人民共和国环境保护部. 中国环境统计年报 2010. 北京：中国环境科学出版社，2011：171–172.

[67] 中电联节能环保分会. 中电联发布 2013 年度火电企业烟气脱硫、脱硝、除尘产业信息. [2014–05–07]. http://www.cec.org.cn/huanbao/jienenghbfenhui.html.

[68] 吴菊珍. 环境保护概论. 北京：科学出版社，2011：112.

[69] 中电联研究室. 中国电力企业联合会与美国环保协会联合发布《中国电力减排研究 2012》. [2013–01–29]. http://www.cec.org.cn/zdldongtai/benbudongtai/2013-01-30/96940.html.

[70] 王志超. 火力发电厂生产经营管理指标释义与计算. 太原：山西经济出版社，1998：142–143.

[71] 国家发展改革委，建设部. 建设项目经济评价方法与参数. 第 3 版. 北京：中国计划出版社，2006：73–74.

[72] 潘鸿，李恩. 生态经济学. 长春：吉林大学出版社，2010：53–65.

[73] 李元. 环境生态学导论. 北京：科学出版社，2009：4.

[74] 杨剑梅. 区域开发环境影响评价中大气环境容量的估算. 科学咨询（科技管理），2010，

19（7）：69–70.

[75] 王勤耕，李宗恺，陈志鹏，程炜. 总量控制区域排污权的初始分配方法. 中国环境科学，2000，20（1）：68–72.

[76] 程炜，魏东星，杨云飞. 大气污染物区域总量控制目标确定方法的研究. 环境导报，2002，（1）：13–15.

[77] 程思. 中国近五十年风速及风能的时空变化特征：[学位论文]. 南京：南京信息工程大学. 2010：33–35.

[78] 王体健，李宗恺. 一种污染物的区域干沉积速度分布的计算方法. 南京大学学报，1994，30（4）：745–752.

[79] 江苏省国土资源厅.《江苏省土地利用总体规划》（1997—2010 年）. [2006–06–22]. http://www.jsmlr.gov.cn/xxgk/ghjh/gh/tdlyztgh/2011/09/241134052106.html.

[80] Robert W H. Market power and transferable property rights. Quarterly Journal of Economics，1984，99（4）：753–765.

[81] Misolek，Elder H. Exclusionary manipulation of markets for pollution rights. Journal of Environmental Economics and Management，1989，16（2）：156–166.

[82] 李寿德，黄桐城. 初始排污权的免费分配对市场结构的影响. 系统工程理论方法应用，2005，14（4）：294–298.

[83] 王冰，郭华. 论市场构成要素和市场关系. 经济问题，1998，（10）：7–10.

[84] 杨昆，王广庆，毛晋等. 发电市场. 北京：中国电力出版社，2007：6–7.

[85] 黎孝先. 国际贸易实务. 北京：对外经济贸易大学出版社，1994：336–341.

[86] Cramton P，Kerr S. Tradeable carbon permit auctions：How and why to auction not grandfather. Energy Policy，2002，30（4）：333–345.

[87] 张明龙. 正确认识与把握供求关系、供求机制. 经济学文摘，1999，（11）：8–9.

[88] Woerdman E. Implementing the Kyoto protocol：why JI and CDM show more promise than international emissions trading. Energy Policy，2000，28（1）：29–38.

[89] 王世猛，李志勇，万宝春，冯海波，苏亚南. 排污权交易基准价定价机制探讨. 中国环境

管理，2012，（5）：15–19.

[90] Bohi D R，Burtraw D. Utility investment behavior and the emission trading market. Resources and Energy，1992，14（1–2）：129–153.

[91] 李寿德. 排污权交易市场秩序的特征、功能与制度安排. 上海交通大学学报（哲学社会科学版），2006，14（2）：47–51.

[92] 林云华，冯兵. 排污权交易定价机制研究. 武汉工程大学学报，2009，31（2）：34–36.

[93] James M B. Liberty，Market and State：Political Economy in the 1980's. Sussex：Harvester Press，1986：24–27.

[94] Spulber，Daniel F. Regulation and Markets. London：The MIT Press，1989：37–40.

[95] 闫桂芳，张桂花. 自然垄断行业的政府规制及其改革. 政治与公共管理，2009，180（6）：119–121.

[96] 黄海. 论政府规制体制的本质属性、构成要素及运行机制. 当代经济科学，2010，32（3）：61–68.

[97] 张金香，冯海波，万宝春. 构建中国排污权交易制度的法律思考. 经济论坛，2011，491（6）：163–166.

[98] Anthony O. Regulation：Legal Form and Economic Theory. London：Oxford Universty Press，1994：121–149.

[99] 黄新华. 政府经济学. 北京：北京师范大学出版社，2012：231–238.

[100] 基思·威利茨. 数字经济大趋势：正在到来的商业机遇. 徐俊杰，裴文斌，译. 北京：人民邮电出版社，2013：1–8.

致 谢

本书是以我的博士论文为基础，经过进一步修改、调整和充实而形成的，定稿之时距离论文答辩已一年有余。在攻读博士学位以及本书成稿、出版期间，得到了许多恩师、领导、同事、朋友和家人的帮助与支持，正是在你们的帮助与支持下，我才能够克服一个又一个困难，勇于面对一次又一次挑战，一路走到今天。

首先要感谢我的博士生导师、中国科学院城市环境研究所赵景柱研究员。赵老师不仅学识渊博、文思敏捷、专业精湛，而且虚怀若谷、正直坦荡、诲人不倦。赵老师既是一位博学多才的学者和老师，更像一位和蔼可亲、平易近人的长者。能够师从赵老师是我一生的荣幸，他不仅给我传授了大量的专业知识，将我引入了环境经济与环境管理专业领域的大门；同时也教会了我许多做人和治学的方法与道理，让我进一步加深了对感恩、忠诚和奉献的理解与领悟。赵老师的治学态度和为人风范必将成为我今后人生道路上的一盏明灯。

还要衷心感谢中国科学院生态环境研究中心吴钢研究员以及城市环境研究所刘建平研究员、唐立娜研究员和赵小锋副研究员。在我读博期间四位老师给予了我非常多无私的帮助，特别是在本书写作期间四位老师倾注了大量的心血，从选题到结构、从内容到遣词造句一一予以悉心指导，严格要求。四位老师对待学术研究严谨认真、一丝不苟，对待学生如同春风化雨、润物无声，四位老师的言谈举止已在我内心深处形成了深深的烙印，将令我受益终生。

此时此刻，我想起了我的硕士导师、华北电力大学经济与管理学院李春杰教授。李老师虽然已经年逾花甲，离开了教学第一线，但仍然精神矍铄，始终保持乐观向上的积极心态，对学术研究也是仍然孜孜以求，笔耕不辍，成果丰硕。李老师牺牲陪伴家人的时间，对本书初稿进行了认真审阅，提出了大量的建设性意见和建议，对进一步提高书稿质量起到了重要作用。

本书得以顺利完成，还受益于许多人的无私帮助。中国华电集团公司董事、总经理、党组成员程念高在百忙之中欣然为本书作序。华北电力大学低碳经济与贸易研究所所长赵晓丽教授、南京信息工程大学经济管理学院院长吴先华教授、环境保护部环境发展中心罗朝晖博士、中国华电集团公司科技环保部孙卫民处长、舒泽萍处长和张洁女士、国家发展和改革委员会价格司肖黎明等同志帮助审阅了初稿，提供了相关资料，提出了许多宝贵意见。中国科学院城市环境研究所林彦红老师、黄益德老师和中国科学院生态环境研究中心付晓老师给予了许多具体指导。华电电力科学研究院应光伟院长、范炜副院长、何胜博士、王群英博士、王嘉瑞博士、张扬博士，以及中国华电集团公司火电产业部周保中、蒋志强和技经中心黄群、于博等同志提供了许多第一手的案例、资料，其中部分同志还帮助审阅了初稿。中国华电集团公司副总经理任书辉、副总工程师胡日查、副总工程师姜家仁、副总经济师杨家朋、国际业务部傅维雄主任和全体同事、战略规划部陈斌主任、陈晓彬副主任、蔡声芸主任师以及火电产业部刘传柱主任、杜将武副主任、段喜民副主任、李前锋处长等领导给予了大力支持。

本书部分内容和观点参考、借鉴了国内外已经取得的研究成果和相关文献，在本书参考文献中尽量一一列出，如有疏漏之处，请予以谅解。在此，对于本书所引用成果和文献的作者一并表示感谢！

最后，我要感谢我的家人长期以来给予我的鼓励和支持。我的母亲虽然目不识丁，但从我小时起就一直用“人从书里乖”这样一句朴素的俚语教育我多读书；虽然不知道“博士”二字的具体含义，但她知道那一定可以多读书，因此二话不说给予我全力支持。我爱人在繁忙的工作之余，主动承担起了几乎所有家务和孩子的教育，任劳任怨，并在精神上给予我莫大的鼓励。我四岁的儿子，有时也会要求爸爸陪伴，但在写作最紧张的关键时期，我总是以“爸爸要做作业”这样一句善意的谎言进行推脱，儿子居然似懂非懂地回答“那你赶紧做吧，要不然你的老师会批评你的”，小家伙稚嫩的语言往往会引起全家人哄堂大笑，但笑过以后我的内心却是深深的自责。

滴水之恩，当涌泉相报。在本书付梓之际，再次对以上各位恩师、领导、同事、朋友和家人的帮助与支持致以最诚挚的谢意和衷心的祝福！

江　汇